海南热带雨林国家公园
NATIONAL PARK OF HAINAN
TROPICAL RAINFOREST

海南热带雨林国家公园

野生动植物

图册

宋希强
张哲
谭珂
主编

中国林业出版社 海南出版社
·北京· ·海口·

	宋希强	园林学博士，海南大学教授，博士研究生导师。国家林业和草原局全国林业教学名师、霍英东基金"高等院校青年教师"、宝钢优秀教师奖、海南省领军人才、南海名家。长期从事园林学的科教工作，尤其关注海南热带雨林国家公园内兰科、杜鹃花科、木兰科等珍稀、濒危或特有野生植物资源的保育与创新利用，并开展了长达20余年跟踪研究。获国家科技进步二等奖1项、省部级科技进步二等奖3项；获批国家发明专利17项；发表学术论文150余篇；主编《观赏植物种质资源学》《热带花卉学》等教材与专著11部。
	张哲	植物学博士，海南大学生态学博士后、硕士研究生导师，海南省高层次人才。长期从事海南热带雨林国家公园内的植物保育与利用工作，尤其关注热带兰科植物的资源与利用、传粉生态和种群遗传等工作，并致力于公众科学知识普及及自然教育。发表学术论文10余篇，参与编写《观赏植物种质资源学》《海南城市景观植物图鉴》等教材与专著3部，获批国家实用新型专利1项、海南省自然科学二等奖1项。
	谭珂	生态学博士，海南大学生物学博士后、硕士研究生导师，海南省高层次人才。研究领域涉及进化生态学和生物地理学，尤其关注植物与传粉者地理镶嵌的协同演化、更新世对海南岛生物多样性格局的影响以及被子植物翅果多样性形成与适应的机制。先后深入东南亚和我国国家公园与自然保护地开展调查研究工作。发表学术论文10余篇，中英文综述4篇，报道弯翅风筝果（*Hiptage incurvatum*）、泸水风筝果（*H. lushuiensis*）两个新物种。

李霖明 摄

序

　　海南热带雨林国家公园是我国首批设立的五个国家公园之一，是国家林业和草原局，尤其是海南省委省政府举全省之力强力推进取得的显著成效，以"热带雨林"命名更凸显了其独特性和代表意义。它拥有中国分布最集中、保存最完好、连片面积最大的热带雨林，是岛屿型热带雨林的典型代表和亚洲热带雨林向常绿阔叶林过渡的代表性森林类型，是世界热带雨林三大群系类型中印度 - 马来热带雨林群系的北缘类型，是世界热带雨林的重要组成部分，具有国家代表性和全球性保护意义。

　　海南热带雨林国家公园属于全球 34 个生物多样性热点区之一，森林植被既富于热带性，但又有别于赤道带植被，而具有季风热带植被的特点，是大陆性岛屿型热带雨林，蕴藏着众多热带特有、中国特有、海南特有的珍稀动植物种类，每年都有新物种被发现，是全球重要的种质资源基因库。目前，共记录到陆栖脊椎动物资源 540 种，这里不仅是全球最濒危灵长类动物海南长臂猿的全球唯一分布地，还拥有坡鹿、海南山鹧鸪、穿山甲等约 150 种国家级重点保护野生动物和海南特有的野生动物 20 余种；野生维管植物 3653 种，其中 20% 以上为特有物种（包括中国特有和海南特有），还拥有坡垒、卷萼兜兰、美花兰、闽粤苏铁等约 150 种国家级重点保护野生植物。

　　众多学者对海南热带雨林国家公园的动植物分类学、遗传学、生态学、生物学等基础性研究虽然已做了大量工作，并取得了丰硕的研究成果，也积累了一定的资料。但随着海南经济的飞速发展、海南自由贸易港的建设，也亟须更好地向公众展示海南热带雨林国家公园内动植物多样性的本底，提高公众的科学素养，引起共同守护的共鸣。

　　《海南热带雨林国家公园野生动植物图册》是由海南热带雨林国家公园管理局组织编撰，海南大学林学院宋希强教授团队负责实施，以公众自然科学教育为目的的动植物图册。全书共筛选了分布于海南热带雨林国家公园内的动植物 465 种，其中，动物 150 种，植物 315 种；展示了海南热带雨林国家公园内从低等到高等以及富有热带特色的动植物类群，内容通俗易懂且不乏一些有趣的科普知识点；物种鉴定准确，图片精美，是非常值得阅读和收藏的科普读物。本图册的出版也是个很好的开端，我们不仅要关注海南热带雨林国家公园"明星"物种的生存情况，更需要关注整个生态系统每个环节的动态变化。在此，也期待今后有更多的内容出版，以全面展示海南热带雨林国家公园的特色和风貌。

　　乐为序！

世界自然保护联盟 (IUCN) 总裁兼理事会主席（2012.9—2021.9）

联合国教科文组织 (UNESCO) 执行理事会主席（173—177 届）

海南国家公园研究院资深专家

前言

海南热带雨林国家公园是海南岛的生态制高点，是全岛森林资源最为富集的区域，也是海南长臂猿在全球的唯一分布地。在此，记录到野生维管植物3653种（国家重点保护野生植物149种，海南特有419种）；陆栖脊椎动物540种（国家重点保护野生动物145种，海南特有23种）。公园总面积4269平方千米（约占海南岛陆域面积的八分之一），其中：核心保护区面积2331平方千米，占54.6%；一般控制区面积1938平方千米，占45.4%。海南热带雨林国家公园森林覆盖率达95.86%，拥有中国分布最集中、保存最完好、连片面积最大的热带雨林，是世界热带雨林的重要组成部分，具有国家代表性和全球性保护意义。

本图册体例等说明如下：

1.本图册共收录海南热带雨林国家公园内150种动物，其中蛛型纲8种、昆虫纲29种、鱼纲17种、两栖纲21种、爬行纲40种、鸟纲22种、哺乳纲13种；正文中每个动物物种介绍其所隶属的目、科、中文名和别名、学名、简要的形态特征、生境以及物种保护级别等。分类及命名参考了《中国昆虫生态大图鉴》《昆虫家谱》《海南淡水及河口鱼类图鉴》《海南两栖爬行动物志》《海南吊罗山常见脊椎动物彩色图鉴》《中国鸟类生态大图鉴》和《国家重点保护野生动物名录（2021版）》等资料。

2.本图册共收录海南热带雨林国家公园内315种维管植物，其中，石松和蕨类植物29种、裸子植物11种、被子植物275种。正文中每个植物物种介绍其所隶属的科、属、中文名和别名、学名、简要的形态特征、花期、栖息地海拔高度（低海拔0−500米，中海拔501−1000米、高海拔1001−1867米）、生境以及物种保护级别等。正文植物的分类和命名：蕨类植物按石松类和蕨类植物分类系统，裸子植物按裸子植物分类系统，被子植物按APG IV分类系统。主要参考《中国植物志》《中国热带雨林地区植物图鉴：海南植物》《海南蕨类植物》《国家重点保护野生植物名录（2021版）》《中国植物志（英文版）》（*Flora of China*）等资料。

3.本图册共收录海南热带雨林国家公园内动植物合计达465种。书中每种动植物至少选择一张照片展示其形态识别特征及生境，所有图片均为编者在海南热带雨林国家公园内实地拍摄。

4.本图册定位是面向公众的自然科学和科普读物，旨在展示海南热带雨林国家公园内动植物的特色和风貌。编者对每一幅图片进行了分析和整理，再重新构图，选取最为精美的图片作为主图。为保证整体观感，编者舍弃了一些局部的特写照片，如植株、生境、叶和果实等。编者通过不同的字体、字号划分，使读者清晰分辨"纲、目、科、属、种"的关系，个别科、属、种名编者还根据最新的分类进行了修正，如原紫金牛科变为报春花科紫金牛属，原马鞭草科紫珠属变为唇形科紫珠属，乐东吕宋黄芩修正为乐东黄芩，大花十字苣苔修正为大叶十字苣苔，等等。

5.为便于读者查询，书末附有中文名和学名索引，以期为广大动植物爱好者、护林员等提供参考资料。

全体编者
2022 年 3 月

动物篇

目录

植物篇

保持自然生态系统

原真性和完整性

保护生物多样性

保护生态安全屏障

国家所有

全民共享

世代传承

王庆贵 摄

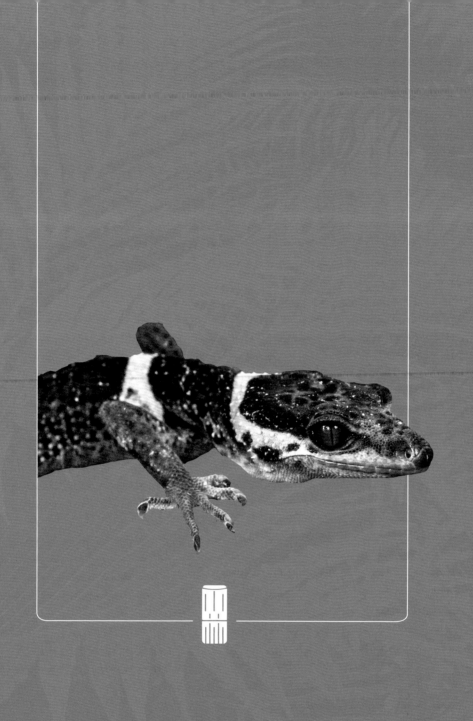

动物篇

海南热带雨林国家公园属于全球 34 个生物多样性热点区之一，是海南岛的生态制高点，是全岛森林资源最为富集的区域，也是海南长臂猿在全球的唯一分布地，拥有全世界、中国和海南独有的动植物种类及种质基因，是热带生物多样性和遗传资源的宝库。

海南热带雨国家公园内共记录陆栖脊椎动物资源 540 种，占全国的 18.62%。国家重点保护野生动物 145 种，其中：国家一级重点保护野生动物 14 种，主要为海南长臂猿、坡鹿、海南山鹧鸪、穿山甲等；国家二级重点保护野生动物 128 种，主要为海南兔、水鹿、蟒蛇、黑熊等。海南特有野生动物 23 种。目前全球最濒危灵长类动物海南长臂猿仅存 36 只。生物多样性指数最高达 6.28，与巴西亚马孙雨林相当。五指山、鹦哥岭、猴猕岭、尖峰岭、霸王岭、黎母山、吊罗山等著名山体均在国家公园范围内，被称为"海南屋脊"；南渡江、昌化江、万泉河等海南主要河流均发源于此，被誉为"海南水塔"。

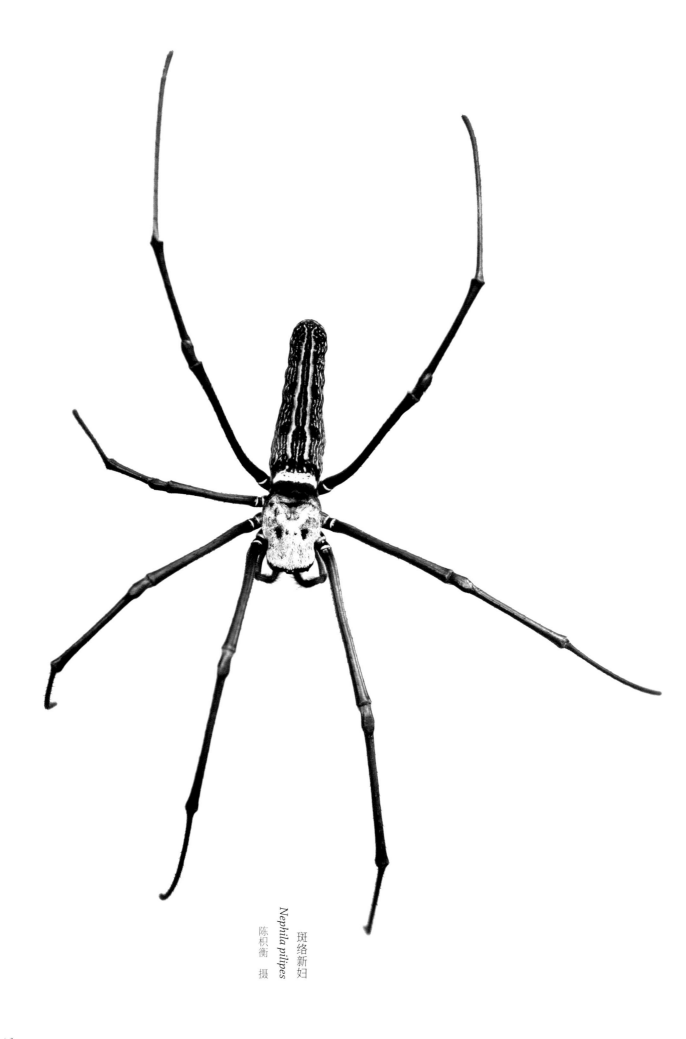

斑络新妇
Nephila pilipes
陈枳衡 摄

第 **1** 章
蛛形纲

蛛形纲（Arachnida）又名蜘蛛纲，隶属于节肢动物门，蜘蛛、蝎子、壁虱、螨等都属于蛛形纲。这类动物常被大众误解为昆虫，虽然都属于节肢动物门，可是它们却相对独立。蛛形纲动物的特征是拥有8只脚，用书肺呼吸、体内受精、半变态，大部分为肉食性。蛛形纲动物大多在陆地生活，仅少数生活在淡水或者海水环境中。目前，全球已被命名的蛛形纲动物超10万种，其中蜘蛛的物种数目最多，约4.7万种。截至2020年，我国有蜘蛛约69科827属5200余种，其中海南分布有42科233属600余种。

蜘蛛目

狼蛛科
Lycosidae

001

海南熊蛛
Arctosa hainanensis

体色褐色至深褐色，全身可见白色短毛形成的白色斑。常栖息于稻田、静水池的泥缝中。

贴士 海南特有种。

002

琼中迅蛛
Ocyale qiongzhongensis

背甲灰白色，密被白色长毛，具不规则黑褐色斑。常栖息于海南琼中大河河边碎石堆中。

贴士 海南特有种。

琼中迅蛛
Ocyale qiongzhongensis

跳蛛科
Salticidae

003

海南盘蛛
Pancorius hainanensis

体色深褐色，头胸背板外侧密布
一圈白毛。常栖息于林下灌丛。

贴士 海南特有种。

捕鸟蛛科
Theraphosidae

004

海南塞勒蛛
Cyriopagopus hainanus

背甲多毛，呈黄黑色，头区微隆起。
步足细长，整体黑灰色，转节呈土黄色。
常于土坡处营造洞穴，洞口由落叶和
枯枝编织而成，通常高于地面。

国家二级重点保护野生动物。

贴士 海南特有种

蟹蛛科
Thomisidae

005

海南泥蟹蛛
Borboropactus hainanus

雌蛛背甲低平，红褐色。头端窄。前眼列后凹，后眼列稍后凹。常栖息于林间、林缘或公园内。

贴士 海南特有种。

006

多斑裂腹蛛
Herennia multipuncta

背甲红褐色。步足除腿节为橙色外，其余各节黑色。
腹部黑色，球形。常栖息于密林区树干上。

蝎目

滑螯蝎科
Hormuridae

007

八重山蝎
Liocheles australasiae

体色浅褐色至褐色；步足乳白色，透明质感；
尾节毒囊黄白色，螫刺浅褐色。常栖息于腐朽
的树皮下，可孤雌生殖。

细尖狼蝎科
Buthidae

008

细尖狼蝎
Lychas mucronatus

浅黄色至棕黄色；步足黄色，具浅褐色斑纹；中体背面各节端有黄黑相间斑纹；尾节毒囊及蜇刺深褐色。常栖息于腐朽的树皮下。

海南鸮目天蚕蛾　幼虫

Salassa shuyiae

温仕良　摄

第 **2** 章
昆虫纲

昆虫是节肢动物门 **昆虫纲**（Insecta）物种的总称，是地球上最古老的动物之一，出现在 3.5 亿年前的泥盆纪，发展至今已成为生物界中物种最多的类群。昆虫的构造有异于脊椎动物，它们的身体并没有内骨骼的支持，外裹一层由几丁质构成的壳。这层壳会分节以利其运动，犹如骑士的甲胄。成体（成虫）有 6 条足，通常有翅。身体分为头、胸、腹 3 段。头部有口器、触角和眼，是感觉和取食器官。胸部具有 3 对足，一般有 2 对翅，是运动器官。腹部通常有 11 个体节，其中包含着生殖系统和大部分内脏，是生殖和代谢器官。昆虫虽小，但"五脏俱全"。昆虫几丁质的外骨骼包裹着各种组织和器官。全球现存昆虫 31 目 1200 余科 10 万余属 100 万余种，我国现有 823 科 1.7 万属近 10 万种，海南分布有 334 科近 6000 种，且不断有新类群被发现。

鞘翅目

金龟科
Scarabaeidae

A B

贴士 国家二级重点保护野生动物。

009

阳彩臂金龟
Cheirotonus jansoni

前胸背板金属绿色，盘区前半部具粗刻点，侧边向外侧强烈突伸。幼虫常栖息于大型朽木之内，成虫具趋光性。

010

双叉犀金龟

Allomyrina dichotoma

雄虫头上面有1个强大双叉角突，分叉部缓缓向后上方弯指。雌虫头上粗糙无角突，额顶横列3个（中高，侧低）小立突。常栖息于腐殖土内，成虫具趋光性。

天牛科
Cerambycidae

011

五指山缝角天牛
Ropica ngauchilae

全身黄白色，胸部具 3 条黑色纵斑；
前翅密布刻点，后半部略微弯折。寄
主为木薯等植物。

012

海南粉天牛 ▼
Cylindrepomus fouqueti hainanensis

身体淡黄褐色，被密灰色毛；前胸背板中央两侧各具1个外缘凹陷的淡黄色肾形斑；鞘翅具3个大小不等的白斑。

贴士 海南特有种。

象甲科
Curculionidae

013

宽喙锥象 ▲
Baryrhynchus poweri

身体棕黑色至红棕色，鞘翅行间与行纹等宽，刻点长圆形，端侧角圆，不为锐突，斑点橙黄色。

半翅目 | 扁蝽科 Aradidae

014

科氏缘鬃扁蝽 ▼
Barcinus kormilevi

身体棕色至黑色。前胸背板前叶 4 个，胼胝体银灰色，腹部腹面黄褐色至棕红色，各足胫节中央棕红色。常栖息于腐烂的树皮下或表面，以菌类为食。

贴士 海南特有种。

蜡蝉科 Fulgoridae

015

龙眼鸡 ▼
Fulfora candelaria

头额延伸如长鼻，额突背面红褐色，腹面黄色，散布许多白点。常栖息于热带、亚热带果园中，现在热带雨林中也有分布。

蝉科
Cicadidae

016

黑丽宝岛蝉
Formotosena seebohmi

头绿色，两复眼间的宽横带及后唇基中央的纵带漆黑色。复眼大而突出，眼柄黑色，单眼浅红色。

鳞翅目

天蚕蛾科
Saturniidae

A B

贴士 国家"三有"保护动物。世界最大的蛾类之一。

017

乌桕大蚕蛾
Attacus atlas

翅面呈红褐色，前后翅的中央各有1个三角形无鳞粉的透明区域，周围有黑色带纹环绕，前翅先端整个区域向外明显地突伸，像是蛇头，呈鲜艳的黄色，上缘有1枚黑色圆斑，宛如蛇眼，翅展可达250—300毫米。

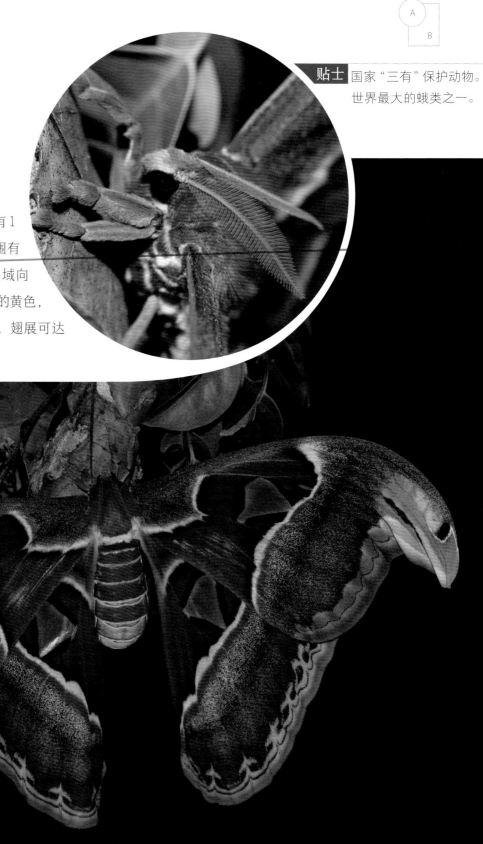

018

海南鸮目天蚕蛾
Salassa shuyiae

翅以棕色为主，密布黑灰色鳞片，每个翅上
的透明眼状斑都非常巨大，呈圆形，绿色。

贴士 海南特有种。

幼虫

斑蝶科
Danaidae

019

啬青斑蝶
Tirumala septentrionis

头胸部为黑色，上面布满白色斑点，翅膀上具有水青色点状或条状的斑纹。

B

A

凤蝶科
Papilionidae

贴士 我国蝶类中唯一的国家 级重点保护野生动物，为世界八大名贵蝴蝶之首，又有"梦幻蝴蝶"和"世界动物活化石"之美誉。

020
金斑喙凤蝶
Teinopalpus aureus

翅上各有一条弧形金绿色的斑带，后翅中央有几块金黄色的斑块，后缘有月牙形的金黄斑，后翅的尾状突出细长，末端颜色金黄。栖息于亚热带、热带高海拔常绿阔叶林的山地中。

021

燕凤蝶 ▼
Lamproptera curius

前翅中内区有 1 条灰白色带,端部半透明,
2 条尾突特化极长。寄主为莲叶桐科植物。

贴士 两条尾突出很像燕子尾巴,故名为
"燕凤蝶"。

022

玉斑凤蝶 ▼
Papilio helenus

后翅具 3 个彼此紧靠的白色或淡黄色大
斑,翅缘凹陷处橙黄色,边缘有红色新月
斑列,臀角 2 个红斑几成圆环形;翅反面
似正面,但斑纹清晰明显。
栖息于低海拔河
谷地带等。

023

巴黎翠凤蝶
Papilio paris

幼虫体绿色，成虫翅展约 12 厘米。体、翅呈黑色或黑褐色，散布翠绿色鳞片。常栖息于低海拔地区的山坡灌丛和阔叶林。

燕蛾科
Uraniidae

024

一点燕蛾
Micronia aculeata

翅面白色，前翅密布横向的细纹，中央有 3 条灰紫色的横带，后翅斑纹近似前翅，后翅具尾突，内各有 1 枚黑色圆斑。常栖息于中低海拔山区。

贴士 海南特有种。

螳螂目

花螳科
Hymenopodidae

025

浅色弧纹螳
Theopropus cattulus

前胸扩展成三叶草形，前翅中部具一横带状斑纹。常栖息于林地下层。

026

中华弧纹螳 ▼
Theopropus sinecus

体和足淡黄绿色，具灰绿斑纹。常栖息于林地下层。

螳科
Mantidae

027

布氏角跳螳 ▼
Gonypeta brunneri

小型的褐色种类，前胸近菱形，前翅短小，腹部大部分暴露在翅外。常栖息于林地下层、小灌木上。

细足螳科
Thespidae

029

海南角螳 ▼
Haania vitalisı

复眼锥形，且两复眼旁各有 1 个角状突起。
常栖息于林下阴暗处、溪流边。

贴士 海南特有种。

028

尖峰岭屏顶螳 ▲
Phyllothelys jianfenglingense

头顶具 1 个扁平角突，前胸狭长，前足内侧具淡红色斑纹，中后足短小，股节具叶状扩展。常栖息于林地树冠层。

广翅目
齿蛉科
Corydalidae

030

海南星齿蛉
Protohermes hainanensis

头顶两侧各具 2 个黑斑，前胸背板近侧缘具 2 对窄的黑斑，中后胸背板各具 1 对黑斑。

B

A

贴士　海南特有种。

竹节虫目
笛竹节虫科
Diapheromeridae

031
杨氏齿臀竹节虫
Paramenexenus yangi

头近长方形，触角丝状较长；无翅；胸部侧缘有细小的锯齿；身体背面翠绿色，腹面墨绿色。

B
A

贴士 海南特有种。

拟竹节虫科
Pseudophasmatidae

032

海南华竹节虫 ▼
Sinophasma hainanensis

头卵圆形，触角丝状较长；
前翅短，近方形，后翅长达
腹部近四分之三处。

贴士 海南特有种。

032

033 ▼

钩尾南华竹节虫
Nanhuaphasma hamicercum

033A
033B

身体具褐色斑纹，具光泽；头近圆形。
常栖息于高山、密林和生境复杂的区域。

竹节虫科
Phasmatidae

034

海南长足竹节虫
Lonchodes huinanensis

前足基跗节背面呈片状；腹部
末端肛上板延长，背面观呈剑
状，腹瓣囊形。

A	C
	B

035

尖峰琼竹节虫
Qiongphasma jianfengense

身上长满小刺，像一根带刺的枝条。

贴士 海南特有种。

036

同叶蟾
Phyllium parum

雌雄异型。雄虫狭长，体长约 65 毫米，犹如较细的叶片，浅绿色。

贴士　海南特有种。

国家二级重点保护野生动物。

037

中华叶䗛
Phyllium sinense

雌雄异型。雄虫狭长，体长约 65 毫米，犹如
较细的叶片，浅绿色。

贴士 国家二级重点保护野生动物，为著名的
拟态昆虫。

细尾白甲鱼
Onychostoma leptura

待惠全 摄

第3章
鱼纲

鱼类 属于脊索动物门中脊椎动物亚门的一种必须依赖水环境生活、呈鱼形的动物。从生物演化和种系发生学来看，所有鱼类都有共同祖先，但由于该共同祖先的部分后代——四足动物未被包括在鱼类中，所以"鱼类"不是一个单系群而是一个并系群，它是由脊索动物门的许多纲所组成的。鱼类是脊椎动物中最大的一个类群。据统计，全球现有鱼类约 3.4 万种，占已被命名脊椎动物种类的一半以上，地球上几乎所有的水体均有它们分布的足迹。我国鱼类（包括海水、淡水和能在国内繁殖后代的国外移入种）共 4 纲 51 目 320 科 1300 余属 4000 余种，海南分布有 20 目 102 科 300 余种，其中海南特有种 20 余种。

合鳃鱼目

刺鳅科
Mastacembelidae

038

大刺鳅
Mastacembelus armatus

眼被皮膜覆盖。眼下斜前方有1个尖端向后的小刺，埋于皮内。常栖息于高原溪流、平原低洼湿地等有河卵石、岩石的水域底层。

039

宽额鳢
Channa gachua

头大，极宽扁，头宽长于体宽。吻颇短，圆钝。口大，近端颌具细齿，前鼻管悬垂过上唇，较长。常栖息于水流缓慢的河边及池塘中。

B
A

斗鱼科
Belontiidae

040

叉尾斗鱼
Macropodus opercularis

眼眶为金黄色，额头部分有黑色条纹，背鳍和臀鳍都有蓝色镶边。常栖息于山塘、稻田及泉眼等浅水地区。

B
A

041

◀ 子陵吻虾虎鱼
Rhinogobius giurinus

头大，略平扁，体背淡黄色。头部有不规则的虫状纹。常栖息于江河、湖汊及溪流中，河边沙滩、石砾地带、水库、池塘均有分布。

042

▼ 李氏吻虾虎鱼
Rhinogobius leavelli

头部具橘黄色点纹，背鳍灰黄色，臀鳍浅色，胸鳍暗灰色。常栖息于山涧溪流中。

鲤形目

鲤科
Cyprinidae

043

海南墨头鱼 ▶
Garra hainanensis

头部宽而平扁，略呈方形。吻圆钝，背面无凹陷；口大，下位，呈新月形，无须。眼小，位置较高。常栖息于水流湍急、水底多岩石的环境，常以肉质的吸盘吸附在水底石块上。

贴士 海南特有种。

> 043
> 044A
> 044B

044

东方墨头鱼 ▼
Garra orientalis

头宽，吻圆钝，前端有很多粗糙的角质突起。鳞较大，腹面在胸鳍基部之前鳞极小。背鳍无硬刺。常栖息于江河、山涧水流湍急的环境中，以其碟状吸盘吸附于岩石上。

045

嘉积小鳔鮈
Microphysogobio kachekensis

口下位，唇发达，上、下唇均有乳突。常栖息于江河、湖泊、山涧溪流有砂石底的区域中。

贴士 海南特有种，分布于海南岛各水系。

C	
B	A

046

马口鱼 ▲
Opsariicjthys bidens

下颌后端延长达眼前缘，其前端凸起，两侧各有一凹陷，恰与上颌前端和两侧的凹凸处相嵌合。常栖息于河川的中、下游及沟渠中水流较缓的潭区或浅滩。

047

纹唇鱼 ▼
Osteochilus salsburyi

体灰白色，背深腹浅，体侧近尾柄处常有一不明显的纵条。栖息于小河缓流区域。

048

倒刺鲃 ◄

Spinibarbus denticulatus

头较小，略尖。口亚下位。背鳍硬刺粗壮，具弱锯齿，起点在腹鳍起点的后上方。向前有一埋于皮内的平卧倒刺。常栖息于江河上游，尤其喜居深水潭。

049

光倒刺鲃 ▼

Spinibarbus hollandi

眼眶上缘具金黄色荧光，上颌及口角各具1对须，鳞片较大，背鳍前方有1根平卧前伸的倒刺。常栖息于流水环境。

条鳅科
Nemacheilidae

050

美丽小条鳅
Traccatichthys pulcher

体侧沿侧线有1条边缘呈波纹状或由不规则的断续斑块组成的棕黑色纵带,纵带上有孔雀绿色的亮斑一直延伸至尾柄。背鳍前缘具有黑斑。常栖息于缓流或静水的多水草河段。

051

横纹南鳅
Schistura fasciolatus

头部稍平扁,头宽稍大于头高,吻钝,其吻长等于或稍短于眼后头长。口下位。唇狭,唇面有浅皱。常栖息于山溪流水环境。

052 胡子鲇

Clarias fuscus

须共 4 对，鼻须与颏须各 1 对，上颌略突出于下颌，下颌齿带中央有断裂，前后鼻孔相隔较远，前鼻孔呈短管状；后鼻孔呈圆孔状，位于眼的前上方。常栖息于水草丛生的江河、池塘、沟渠、沼泽以及稻田的洞穴内或暗处。

鲇科
Siluridae

053 越南隐鳍鲇

Pterocryptis cochinchinensis

背缘接近平直，头宽钝，向前纵扁，上颌须 1 对，下颌须 2 对。常栖息于洞穴内和地表河流、山溪。

鲿科
Bagridae

054

海南半鲿
Hemibagrus hainanensis

须 4 对，鼻须 1 对，上颌须 1 对，下颌须 2 对。体黑褐色且光滑无鳞，腹部灰白，胸鳍和背鳍具有锯齿状的棘，其幼小个体有时具有黑褐色斑块。各鳍呈现暗灰色，幼鱼鳍段较黑。常栖息于底层水域。

A

B

红蹼树蛙
Rhacophorus rhodopus
温仕良 摄

第 **4** 章

两栖纲

两栖动物由泥盆纪晚期的肉鳍鱼类演化而来，是四足类动物从水栖发展到陆栖的中间过渡类型，进化程度介于高等鱼类和羊膜动物之间，是一支变温、卵生、营水陆两栖的肉食性四足类脊椎动物（部分类群四足退化），在生物分类学上构成名为两栖纲（Amphibia）的分类单元。早期两栖动物在石炭纪繁盛一时，分化出许多大型种类，为淡水和陆地上的顶级捕食者。但由于食性较为单一，且对各种水体的适应性不及鱼类，陆地生存能力又逊于羊膜动物，自中生代以来两栖动物逐渐衰落，至今大部分种类都已灭绝。全球现存两栖动物有 3 目约 40 科 400 属 4000 余种，我国现有 11 科 40 属 270 余种，海南分布 7 科 16 属 40 余种。

有尾目

蝾螈科
Salamandridae

055

海南瑶螈（海南疣螈）

Yaotriton hainanensis

生活时指、趾、肛周缘及尾下缘为橘红色，其余部位为棕褐色；整个背面布满密集疣粒。仅栖息于热带雨林中植物的根部、枯枝叶中或洞穴中。

贴士 海南特有种，濒危物种，国家二级重点保护野生动物。

无尾目
角蟾科
Megophryidae

海南拟髭蟾
Leptobrachium hainanense

体背面及体侧有分散的深色小斑点，后肢背面具深色细窄横纹。栖息于山间小流溪两侧坡地草丛中。

B
A

贴士 海南特有种，易危物种。

蟾蜍科
Bufonidae

057

乐东蟾蜍
Qiongbufo ledongensis

头体侧面及四肢背面白色锥状疣甚显；两眼间有褐色三角斑。常栖息于常绿阔叶林区内。

058
黑眶蟾蜍
Duttaphrynus melanostictus

从吻部开始有黑色骨质脊棱，一直沿眼鼻腺延伸至上眼睑并直达鼓膜上方，形成黑色眼眶，故得名。栖息于林下河沟边、路旁、林缘、水田边等地。

B

A

叉舌蛙科
Dicroglossidae

059

脆皮大头蛙
Limnonectes fragilis

两眼间及四肢背面有黑色横斑；背中部有一个"W"形黑斑。栖息于山区平缓的浅水流溪内，多在石块间或石下活动。

贴士 中国特有种，易危物种，国家二级重点保护野生动物。

A
B

060

小弧斑姬蛙 ▼
Microhyla heymonsi

从吻端到肛部有 1 条金黄色的细脊线，在脊线之上有1—2个黑褐色弧形斑,体两侧有纵行深色纹。栖息于各海拔梯度的林下层、山区稻田、水坑边、沼泽泥窝、土穴或草丛中。

姬蛙科
Microhylidae

061

▼ 花姬蛙
Microhyla pulchra

背面由肩部上方中央开始，向后延伸成"∧"形黑棕色斑。栖息于平原、丘陵和山区，常栖息于水田、园圃及水坑附近的泥窝、洞穴或草丛中。

小弧斑姬蛙 ▼

| 060A | 061A |
| 060B | 061B |

树蛙科
Rhacophoridae

062

锯腿原指树蛙

Kurixalus odontotarsus

体背皮肤粗糙，满布小疣；生活时，体色随环境不同而变化，以防敌害侵扰。栖息于山地、丘陵或山村的灌木林或溪河旁的草丛中。

063

海南溪树蛙
Buergeria oxycephala

在强日光环境下体背面呈灰色，在阴暗潮湿的环境中体背面颜色变深。栖息于大、中型流溪内。

背条螳臂树蛙
Chiromantis doriae

背部及体侧有 5 条深色纵纹；前臂及股胫部有黑横纹；腹部白色。栖息于中、低海拔山地，芭蕉树下、山边草间、稻田边、草丛中均可见。

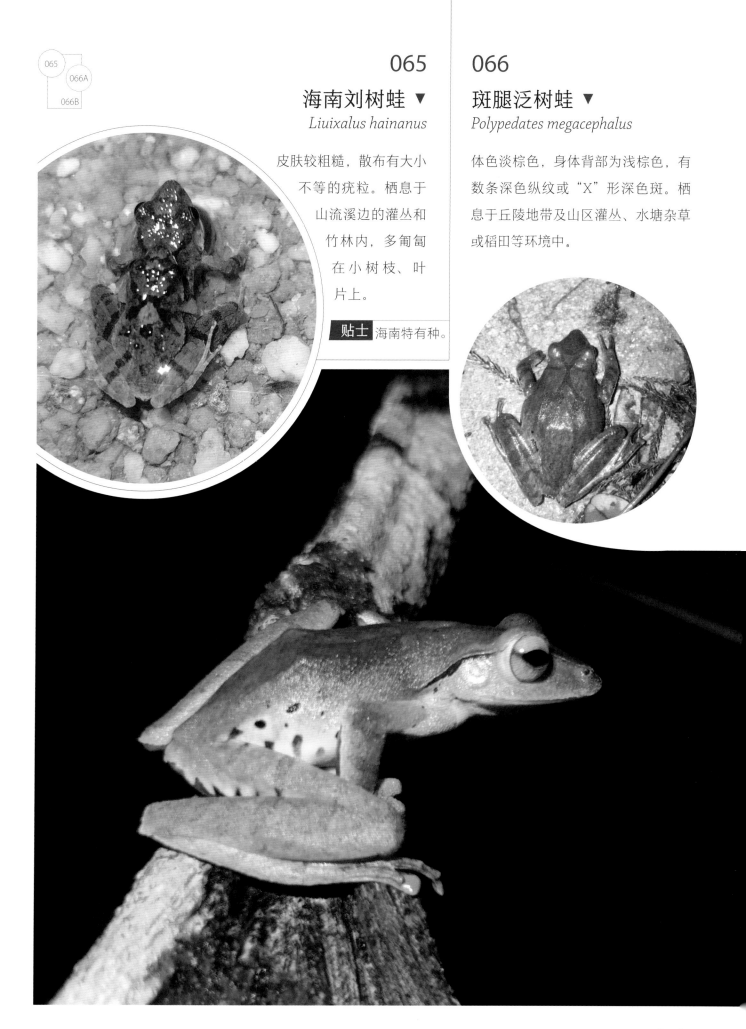

065

海南刘树蛙 ▼
Liuixalus hainanus

皮肤较粗糙，散布有大小不等的疣粒。栖息于山流溪边的灌丛和竹林内，多匍匐在小树枝、叶片上。

贴士 海南特有种。

066

斑腿泛树蛙 ▼
Polypedates megacephalus

体色淡棕色，身体背部为浅棕色，有数条深色纵纹或"X"形深色斑。栖息于丘陵地带及山区灌丛、水塘杂草或稻田等环境中。

067

大树蛙
Zhangixalus dennysi

呈绿色，沿体侧一般有成行的白色大
斑点或白纵纹，腹面其余部位灰白色。
栖息于山区溪流两岸的树林内或山上
的净水潭、稻田水坑附近。

贴士 海南省省级保护野生动物。

068

红蹼树蛙
Rhacophorus rhodopus

生活时背红棕色，皮肤平滑。多栖息于
热带地区茶树、草地、灌丛、小乔木上。

069

白斑棱皮树蛙

Theloderma albopunctatum

头体背面为暗褐色，有白色斑纹，类似鸟粪。喜欢栖息于潮湿、水源充足的林地。

A

B

A
B

蛙科 | 070
Ranidae |

海南湍蛙
Amolops hainanensis

背面橄榄色或褐黑色，有不规则黑色或橄榄色斑。成蛙栖息于水流湍急的溪边岩石上或瀑布直泻的岩壁上。蝌蚪栖息于溪面宽阔、两岸植被丰茂、溪内多巨石的急流水中，常吸附在石块底面。

071

细刺水蛙

Hylarana spinulosa

皮肤较粗糙，满布小白刺粒，并有稀疏小疣；整个背面为浅灰黄色，疣粒部位有褐黑色斑点。栖息于中型流溪内及其附近，所在环境一般林木繁茂，较为潮湿。

贴士 海南特有种，易危物种，海南省省级保护野生动物。

A
B

072

小湍蛙
Amolops torrentis

体背面棕色，散有小疣粒，有不规则褐色花斑。一般栖息于山溪水边或岸边，有的蹲在瀑布下的石头上。

贴士 海南特有种，易危物种。

073

大绿臭蛙
Odorrana graminea

头侧、体侧及四肢浅棕色，四肢背面有深棕色横纹。生活在亚洲东南部的茂密森林中，栖息于环境较为阴湿的大中型山溪中。

贴士 海南省省级保护野生动物。其皮肤分泌物具强烈的刺激性臭味，与其他蛙类同时被囚禁时，可致其他蛙类死亡。

A
B

贴士 易危物种，海南省省级保护野生动物。

074

海南臭蛙

Odorrana hainanensis

整个背面皮肤光滑，密布大小一致的小疣粒，无大疣。栖息于山溪内，成蛙常栖于瀑布旁岩壁上或溪边草丛中。

075

鸭嘴竹叶蛙
Odorrana nasuta

背面颜色多为暗褐色、绿色或褐绿色；四肢各部
有褐黑色横纹 3—5 条。栖息于植被繁茂的山区，
成蛙多栖于流溪瀑布下大水凼两侧的岩壁上。

贴士 易危物种，海南省省级保护野生动物。

B A

福建竹叶青
Trimeresurus stejnegeri
温任远 摄

第 **5** 章
爬行纲

爬行动物通称爬行类、爬虫类，是一类脊椎动物，属于四足类动物的羊膜动物。包括了龟、蛇、蜥蜴、鳄及已绝灭的恐龙与似哺乳爬行动物等物种。现代的爬行动物栖息于除了南极洲以外各个大陆，主要分布于热带与亚热带地区。现存的爬行动物中，体型最大的是咸水鳄,可达7米以上,最小的是侏儒壁虎,只有1.6厘米长。除了少数的龟鳖目动物以外，所有的爬行动物都覆盖着鳞片。全球现存爬行动物4目约8000种,我国现存爬行动物3目30科132属460余种,海南分布3目22科74属100余种。自19世纪后半叶开始，广袤而神秘的海南热带雨林便吸引一批批中外科学家，他们在这里发现了大量珍稀的爬行动物，如蟒蛇、圆鼻巨蜥，不少更是世界独有，如海南脆蛇蜥、海南脊蛇、粉链蛇、海南颈槽蛇、周氏睑虎、霸王岭睑虎、海南睑虎等，优良的生态环境和岛屿性的地理特征使得爬行动物在这里不断繁衍、进化。

龟鳖目

地龟科
Geoemydidae

076

锯缘闭壳龟
Cuora mouhotii

背甲较隆起，有 3 条明显的脊棱；背甲前后缘的缘盾呈锯齿状。栖息于山区、丛林、灌木及小溪中。

贴士 濒危物种，国家二级重点保护野生动物。

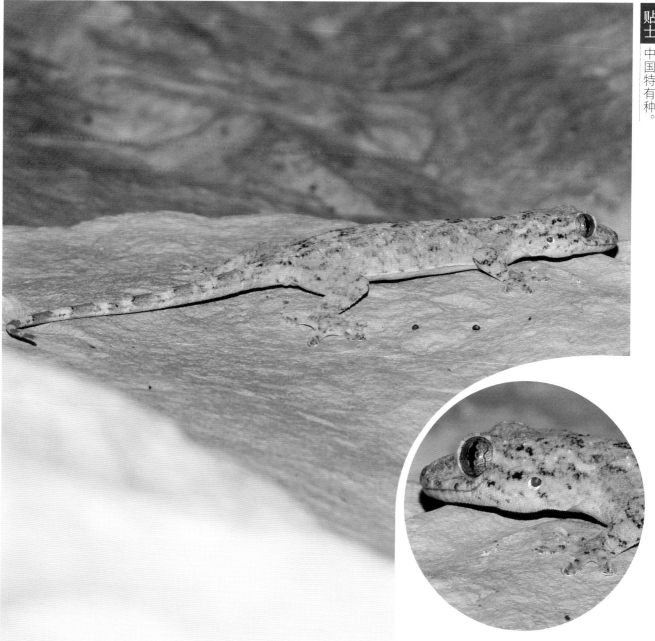

A

B

有鳞目｜

壁虎科｜
Gekkonidae｜

077

中国壁虎

Gekko chinensis

尾长与体长几乎相等；背部粒鳞间具疣鳞
10—14 行。多见于亚热带，栖息于野外或
建筑物的缝隙内。

睑虎科
Eublepharidae

078

霸王岭睑虎
Goniurosaurus bawanglingensis

头较大，被覆粒鳞，有活动眼睑。栖息于霸王岭片区海拔 500 米左右的沙石和溶洞环境中。

贴士 海南特有种。濒危物种，国家二级重点保护野生动物。

A
C B

海南睑虎

Goniurosaurus hainanensis

头背棕褐色，躯干及尾背暗紫褐色，均染以少数较大黑褐色斑。栖息于海南省喀斯特地貌、热带雨林或季雨林的潮湿地面，喜欢阴冷潮湿的环境。

贴士　海南特有种，国家二级重点保护野生动物。

080

中华睑虎

Goniurosaurus sinensis

成体背部棕褐色，有斑驳分布的不规则黑褐斑点，有4条前后镶黑边的黄色横带纹，从股部至腹部有金斑。栖息于湿润的热带常绿阔叶林巨大花岗岩石堆中，或与喀斯特斜坡相连的大型石堆中。

贴士 海南特有种，极危物种。

B

A

081

周氏睑虎
Goniurosaurus zhoui

成年个体头、躯干、四肢的背侧呈浅紫褐色，并且斑驳分布有形状不规则的黑褐色斑点。栖息于热带雨林花岗岩或石灰岩环境中。春季是周氏睑虎的主要繁殖季节。

贴士 海南特有种，国家二级重点保护野生动物。

鬣蜥科
Agamidae

082

丽棘蜥
Acanthosaura lepidogaster

生活时头背部为淡黑灰色，体躯灰棕色；体前背中央有一菱形棕黑斑，体背具有黑褐色斑纹；四肢背面具黑褐色横纹，体腹面色浅。栖息于山区林下，常活动在路旁、溪边、灌丛下及林下落叶处。

083

细鳞拟树蜥
Pseudocalotes microlepis

尾长约为头体长的 2 倍；身体为绿色，背鳞大小一致，布满不规则的黑色斑纹。栖息于中低海拔区域。

贴士 海南省省级保护野生动物。

A

B

084

变色树蜥
Calotes versicolor

体色可随环境干湿、光线强弱而变。鳞片十分粗糙；背部有一列像鸡冠的脊突，所以又叫鸡冠蛇。栖息于热带、亚热带地区，常见于林下、山坡草丛、荒地、河边、路旁，甚至住宅附近的草丛或树干上，尤以灌木林中为最多。

085

斑飞蜥
Draco maculatus

生活时背面灰棕色，眼间及眼后常有深色斑，体躯有3—5条宽窄不一的横纹。栖息于热带、亚热带森林中或低矮的山林边缘。

贴士 海南省省级保护野生动物。

蛇蜥科
Colubridae
086

海南脆蛇蜥 ▼
Ophisaurus hainanensis

四肢退化，通身细长如蛇；耳孔极小，呈针尖状。栖息于中低海拔山区。

贴士 海南特有种，易危物种，国家二级重点保护野生动物。

蜥蜴科
Lacertidae
087

古氏草蜥 ▼
Takydromus kuehnei

通身细长，四肢较细弱；尾巴细而长；体背及体侧呈现暗红色，有一白色纵纹；常栖息于山区的草丛、灌丛下的乱石堆中。

石龙子科
Scincidae

多线南蜥
Eutropis multifasciata

头背鳞片常有显著黑斑，体、尾、四肢背面橄榄色或棕色；体两侧各有1条浅灰色窄纵纹。栖息于低海拔山地、丘陵。

089

铜蜓蜥 ▼

Sphenomorphus indicus

体背面呈古铜色，背中央有1条断断续续
的黑纹；体侧有1条黑褐色宽纵带。尾巴
极易自断。主要栖息于阴湿草丛中以及荒
石堆或有裂缝的石壁处。

090

▼ 海南棱蜥

Tropidophorus hainanus

背鳞明显起棱，背面深红棕色，有镶黑边的淡横
斑，前面2个为"V"形斑。常栖息于山区小溪
边阴湿处。

090

089

闪鳞蛇科
Xenopeltidae

091

海南闪鳞蛇
Xenopeltis hainanensis

背面蓝褐色，有金属光泽。栖息于平原、丘陵与低山地区。营洞穴生活，常隐蔽在土壤、砾石或倒木之下。

贴士 无毒。

A

B

蝰科
Viperidae

092

原矛头蝮
Protobothrops mucrosquamatus

头部为典型的长三角形，颈部细小；背具细鳞，棕褐色，有近倒"V"形的深褐色斑纹。栖息于丘陵、山区、竹林、灌丛、溪边、茶山、耕地中，常到住宅周围如草丛、垃圾堆、柴草、石缝间活动，有时会进入室内。

贴士 毒蛇。

093

白唇竹叶青 ▼
Trimeresurus albolabris

体背鲜绿色，有不明显的黑横带；腹部黄白色。
体最外侧自颈达尾部有1条白纹；上唇黄白色。
主要栖息于山地林区。 **贴士** 毒蛇。

094

福建竹叶青 ▼
Trimeresurus stejnegeri

背面绿色，尾背及尾尖焦红色，体两侧
各有1条白色、淡黄色（雌性）或红白
各半（雄性）的纵线纹；眼橘红色。常
在树林或竹林间活动。

贴士 毒蛇。

游蛇科
Colubridae

095

白眉腹链蛇 ▼
Amphiesma boulengeri

体尾细长；头背棕褐色，密布黑色虫纹，有 2 个镶黑边的浅色顶斑；眼后有 2 条白色眉纹，后延至枕侧。常栖息于中低海拔的山区稻田中及小溪附近。

贴士 无毒，国家"三有"保护动物。

096

坡普腹链蛇 ▼
Amphiesma popei

头背及颈部棕色或棕红色，鳞缝棕黑色。常栖息于低山区流溪或其他水体。

贴士 无毒。

096
095

097

翠青蛇
Cyclophiops major

身体纯绿色，背平滑无棱。喜潮湿环境，夜伏昼出，多活动在耕作区的地面或树上，或隐居于石下，活动于各梯度海拔。

贴士 无毒。

098

过树蛇
Dendrelaphis pictus

头颈两侧各有1条黑色纵纹，身体细瘦，背鳞平滑呈古铜色、棕色或深棕色。常在丘陵地的灌丛和树上活动。 **贴士** 无毒。

099

玉斑蛇（玉斑丽蛇）
Euprepiophis mandarinus

头背部黄色，有典型的黑色倒 "V" 字形套叠斑纹。背面紫灰色或灰褐色，背中央有一行几十个黑色菱形斑，菱形斑中央及边缘黄色。多见于山区森林以及山区居民点附近的水沟边或山上草丛中。

贴士 无毒。

100

紫灰蛇（紫灰山隐蛇）
Oreocryptophis porphyraceus

通体等距排列有若干宽横斑，横斑中央浅褐色，外缘镶黑色边。栖息于山区、溪边、田边、路边及草丛中。

贴士 无毒。近危物种。

101

蓝眼绿锦蛇（蓝瞳绿锦蛇）
Gonyosoma coeruleum

背面绿或翠绿色；上唇及腹面黄白或
绿白色。常栖息于山区及丘陵地带。

贴士 无毒。

102
黑眉锦蛇
Elaphe taeniura

头和体背黄绿色或棕灰色，眼后有1条明显的黑纹，体背的前、中段有黑色梯形或蝶状斑纹。常栖息于高山、平原、丘陵、草地、田园及村舍附近。

贴士 无毒。性情较为暴躁，当其受到惊扰时，能竖起头颈，离地20—30厘米，身体呈"S"状，作随时攻击之势。

103

紫棕小头蛇
Oligodon cinereus

头小，身体呈现鲜艳的红棕色，鳞皮
光滑，背部有黑色鳞皮，形成不规则
斜线纹；尾无斜纹。常栖息于平原及
山区。

贴士 无毒。

B
A

104

缅甸钝头蛇
Pareas hamptoni

体略侧扁，头较大，眼大，瞳孔呈竖椭圆形。体背面棕褐色或棕黄色，有黑色横斑。常栖息于高山地区、农耕地与林地间。

贴士 无毒。近危物种。

A

B

105

横斑钝头蛇
Pareas macularius

体背蓝褐色，有由黑白各半鳞
形成的不规则细横纹。常见于
低海拔地区或山区。

A
贴士 无毒。

B

106
大眼斜鳞蛇
Pseudoxenodon macrops

眼大，瞳孔圆形，鼻孔大。背面红棕色、黑棕色或黑灰色。常栖息于高原山区以及山溪边、路边、菜园地、石堆上。

贴士 无毒。

A

B

海南颈槽蛇

Rhabdophis adleri

背面橄榄绿或橄榄棕色，有2行淡黄色短横斑。分布于海南岛上海拔500—700米的平原、丘陵或低山地区，常发现于田埂或路边草地上，也有发现于林中的。

贴士 毒蛇。海南特有种，海南省省级保护野生动物。

108

海南尖喙蛇
Gonyosoma hainanensis

头较长，吻端尖出，向前方上翘，呈锥形；成体无黑眉，颊鳞 2 枚；全身绿色。喜树栖，多见于山区林茂之处，也见游于河中。

贴士 无毒。海南特有种。

A

B

109

乌华游蛇
Sinonatrix percarinata

体背为瓦灰色，体尾有环纹，一般呈"Y"形，幼体环纹之间的颜色为绯红色，成体为灰白色。常栖息于山区溪流或水田内。

贴士 无毒。

110

黑头剑蛇
Sibynophis chinensis

体背面棕褐色或黑褐色，有1条黑色脊纹。一般栖息于山区，常见于石洞、树丛下。

贴士 无毒。

A
B
C

眼镜蛇科
Elapidae

111

银环蛇 ▼
Bungarus multicinctus

全身体背有白环和黑环相间排列，白环较窄，尾细长。栖息于平原、丘陵或山麓近水处。

贴士 毒蛇。易危物种，海南省省级保护野生动物。

112

舟山眼镜蛇 ▼
Naja atra

面黑色或黑褐色，颈背有眼镜状斑纹（双圈或其各种饰变）。栖息于平原、丘陵和低山。见于耕作区、路边、池塘附近、住宅院内。

贴士 毒蛇。易危物种，海南省省级重点保护动物。受惊扰时，前半身竖起，颈部扁平扩展，显露出项背特有的白色眼镜状斑纹或此斑纹的各种饰变。

113

眼镜王蛇
Ophiophagus hannah

背鳞平滑无棱；躯干和尾部背面有窄的白色镶黑边的横纹。多栖息于沿海低地到高海拔的山区，多见于森林边缘近水处，林区村落附近也时有发现。

贴士 毒蛇。易危物种，国家二级重点保护野生动物。受惊扰时，常竖立前半身，颈部平扁略扩大，作攻击姿态。

A
B

114

海南华珊瑚蛇
Sinomicrurus houi

通体红褐色，身段细长，有黑色花纹，脑后左右2条不相连的白色条纹。栖息于山区森林地区、村舍间以及小路边。

贴士 毒蛇。海南特有种。

| A |
| B |

蟒科
Pythonidae

115

蟒蛇
Python bivittatus

头颈部背面有1个暗棕色矛形斑，头侧有1条黑色纵斑，头部腹面黄白色，体背棕褐色、灰褐色或黄色，体背及两侧均有大块镶黑边似云豹斑纹。栖居于热带、亚热带低海拔的常绿阔叶林中或洞穴中。

贴士 无毒。易危物种，国家二级重点保护野生动物。

红耳鹎

Pycnonotus jocosus

张和平 摄

第6章
鸟纲

鸟纲分为古鸟亚纲和今鸟亚纲两大类。鸟是唯一存活并演化至今的恐龙，现代所有鸟类在生物学上也被分类为鸟形恐龙（即鸟翼类）的一部分。鸟恒温卵生，全身均被羽毛，后肢能行走，前肢变为翅，一般能飞，是脊椎动物亚门的一纲。古鸟亚纲（Archaeornithes）是中生代侏罗纪的鸟类，20世纪末期之前由于人们对早期鸟类化石缺乏认知，晚侏罗世始祖鸟具有兽脚类恐龙的特征，与具有现代类群特征的化石鸟类在生理结构和解剖学特征上存在较大差异，因此建立了古鸟亚纲。随着后来对早期鸟类化石的发掘和认知，人们知道鸟类的进化是出现在连续的演化阶段。如今，古鸟亚纲被划分为一系列嵌套的单系群，代表是始祖鸟，是早已灭绝的化石种类。除始祖鸟外的其他鸟类全属于今鸟亚纲（Neornithes），包括白垩纪的古鸟类和现存的全部鸟类，分布范围遍及全球，其身体结构与现代的鸟类更为接近。全球现存约有156个科9000余种，我国有81个科1000余种。海南分布20目73科450余种，其中，国家一级重点保护野生动物17种，国家二级重点保护野生动物104种。

鹈形目

鹭科
Ardeidae

116

黑冠鳽
Gorsachius melanolophus

黑色头顶，羽冠明显，上体
深褐色，具白色点斑、皮黄色横
斑。常单个活动于山区林间的河川、
溪涧、水库边及竹林等处稻田或池塘旁。

贴士 国家二级重点保护野生动物。

鸡形目

雉科
Phasianidae

117
118A
118B

鹦形目

鹦鹉科
Psittacidae

118

绯胸鹦鹉 ▼
Psittacula alexandri

头葡萄灰色，眼周沾绿色，前额有1个窄的黑带延伸至两眼。常栖息于海拔不高的山麓林带。

贴士 国家二级重点保护野生动物。

117

▲ 白鹇
Lophura nycthemera

头顶具冠。雄鸟上体白色而密布以黑纹，头上具长而厚密、状如发丝的蓝黑色羽冠披于头后；雌鸟通体橄榄褐色，羽冠近黑色。多栖息于中高海拔的亚热带常绿阔叶林中，尤以森林茂密、林下植物稀疏的常绿阔叶林和沟谷雨林较为常见。

贴士 国家二级重点保护野生动物。

鸮形目

鸱鸮科
Strigidae

119

褐林鸮
Strix leptogrammica

无耳羽簇，面盘分明，眼周黑色似眼镜，眉白。
多栖息于低海拔的山地森林、热带森林沿岸地
区、平原和低山地区。

贴士 国家二级重点保护野生动物。

120

领角鸮 ▼
Otus lettia

面部呈白色或浅黄色，眼睛呈橙色或棕色，具明显的耳羽簇及特征明显的浅沙色颈圈。常栖息于山地阔叶林和混交林中，也出现于山麓林缘和村寨附近树林内。

贴士 国家二级重点保护野生动物。

| 120B | 121 |
| 120A | |

121

▼ 领鸺鹠
Glaucidium brodiei

后颈有显著的浅黄色领斑，两侧各有1个黑斑。多栖息于山地森林和林缘灌丛地带。

贴士 国家二级重点保护野生动物。

佛法僧目

翠鸟科
Alcedinidae

122

普通翠鸟

Alcedo atthis

体棕色，背部为翠绿色。常栖息于灌丛或疏林且水清澈而缓流的小河、溪涧、湖泊以及灌溉渠等水域。

123

斑鱼狗

Ceryle rudis

黑白配色的翠鸟。似冠鱼狗，但体型、冠羽较小，且有明显白色眉纹。常栖息于低山或平原溪流、河流、湖泊、运河等开阔水域岸边。

雀形目

鹡鸰科
Motacillidae

124

白鹡鸰
Motacilla alba

胸口黑色似倒三角"围嘴"。栖息于村落、河流、小溪、水塘等附近，在离水较近的耕地、草场等均可见到。

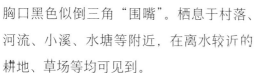

贴士 黑白配色。

山椒鸟科
Campephagidae

125
赤红山椒鸟
Pericrocotus flammeus

雄鸟红色，雌鸟黄色，黑色翅上具2块不连续的翼斑。
栖息于各海拔梯度的山地雨林、季雨林、次生阔叶林中。
也见于松林、稀树草地或开垦的耕地中。

贴士 地方性常见留鸟。

鹎科
Pycnonotidae

贴士 我国南方地方性常见留鸟。

126

红耳鹎

Pycnonotus jocosus

头顶有耸立的黑色羽冠，眼下后方有 1 个鲜红色斑，颧纹黑色，胸侧有黑褐色横带。常栖息于山脚丘陵地带的雨林、季雨林、常绿阔叶林等森林中。

127

白头鹎
Pycnonotus sinensis

额至头顶黑色，两眼上方至后枕白色，形成一白色枕环，腹白
色具黄绿色纵纹。常栖息于中低海拔的丘陵和平原地区的灌丛、
草地、有零星树木的疏林荒坡的灌丛、次生林和竹林中，也见
于山脚和低山地区的阔叶林、混交林和针叶林及其林缘地带。

叶鹎科
Chloropseidae

128

橙腹叶鹎
Chloropsis lazulina

额至后颈黄绿色，其余上体绿色，小覆羽亮钴蓝色，形成明显的肩斑。常栖息于各海拔梯度的丘陵和山脚平原地带的森林中，尤以次生阔叶林、常绿阔叶林和针阔叶混交林中较常见。出入于沟谷林、雨林和季雨林及其林缘地带，有时也见于村寨、果园、地头和路边树上。

A
B

伯劳科
Laniidae

129

棕背伯劳
Lanius schach

两翅黑色具白色翼斑，额、头顶至后颈黑色或灰色，具黑色贯眼纹。下体颏、喉白色，其余下体棕白色。常栖息于低山丘陵和山脚平原地区，夏季在高海拔的次生阔叶林和混交林的林缘地带可见。

贴士 我国南方地区常见留鸟。随着气候变暖，近年呈向北扩散趋势，在西北、华北多地都已建立稳定种群。

A
B

鹟科
Muscicapidae

130

鹊鸲

Copsychus saularis

尾呈凸尾状，尾与翅几乎等长或较翅稍长；雄鸟上体大都黑色；翅具白斑；下体前黑后白。但雌鸟则以灰色或褐色替代雄鸟的黑色部分。常出没于村落和居所附近的园圃、栽培地带或树旁灌丛，也常见于城市庭园中。

贴士 迁徙季节和冬季也见于低山丘陵和山脚平原地带的次生林、林缘疏林、道旁和溪边疏林灌丛中，有时甚至出现于果园或村寨附近的疏林、灌丛或草坡处。

131

红胁蓝尾鸲
Tarsiger cyanurus

橘黄色两胁与白色腹部及臀成对比，雄鸟上体蓝色，眉纹白色；亚成鸟及雌鸟褐色，尾蓝色。繁殖期间主要栖息于高海拔的山地针叶林、岳桦林、针阔叶混交林和山上部林缘疏林灌丛地带，尤以潮湿的冷杉、岳桦林下较常见。

133

鸲姬鹟 ▼
Ficedula mugimaki

雄鸟喉至胸橘黄色，腹、尾下覆羽白色。雌鸟喉至胸淡橘黄色，腹、尾下覆羽白色。常栖息于山地森林和平原的小树林、林缘及林间空地，常在林间作短距离的快速飞行。

贴士 东北地区的偶见夏候鸟或留鸟，迷鸟见于香港。

132

北灰鹟 ▲
Muscicapa dauurica

繁殖于东北亚及喜马拉雅山脉；冬季南迁至印度、菲律宾、苏拉威西岛及大巽他群岛。下嘴基黄色明显，半颈环不甚明显，胸两胁淡灰褐色，通常无纵纹或斑点。常立于树枝上，捕食昆虫后回至站立处。

132
133

绣眼鸟科
Zosteropidae

134

暗绿绣眼鸟
Zosterops simplex

上体绿色，眼周有一白色眼圈极为醒目；下体白色，颏、喉和尾下覆羽淡黄色。常栖息于阔叶林和以阔叶树为主的针阔叶混交林、竹林、次生林等各种类型森林中，冬季多迁到南方或下到低山、山脚平原地带的阔叶林、疏林灌丛中。

贴士 我国南部地区常见留鸟。

啄花鸟科
Dicaeidae

135

朱背啄花鸟
Dicaeum cruentatum

雄鸟顶冠、背及腰猩红色，两翼、头侧及
尾黑色，两胁灰，下体余部白色。栖息地包
括种植园、亚热带或热带的湿润低地林、旱林
和乡村花园。一般栖息于低山高大乔木林间，在
开阔的山丘平原地区的稀疏乔木上也可见。

贴士 我国南方地方性常见留鸟。

B

A

136

黄腹花蜜鸟
Cinnyris jugularis

腹部灰白。雄鸟颏及胸金属黑紫色，有
绯红及灰色胸带，具艳橙黄色丝质羽的
肩斑，上体橄榄绿色。雌鸟无黑色，上
体橄榄绿色，下体黄色，通常具浅黄色
的眉纹。常栖息于中低海拔的开阔山林。

太阳鸟科
Nectariniidae

梅花雀科
Estrildidae

137

白腰文鸟
Lonchura striata

颈侧和上胸栗色，具浅黄色羽干纹和羽缘，下胸和腹近白色，各羽具"U"形纹。
常栖息于低山、丘陵和山脚平原地带。

坡鹿（海南坡鹿）
Rucervus eldii
张哲 摄

第 **7** 章
哺乳纲

哺乳动物基本体型为四足步行型，大多数哺乳动物会用其四肢在陆地上移动。不过，一些生活在海里、空中、树上、地下等环境中的哺乳动物，靠着经由演化产生的四肢末端形态，来适应不同的生活环境。哺乳动物小至30—40毫米大的凹脸蝠，大到30米长的蓝鲸（地球现今最大动物）。绝大多数哺乳动物具有认知能力，有的还有大的脑容量和自我意识，会使用工具。哺乳动物可用多种不同的方式发声、交流，如发出超声波、用气味标记领地、发出警告信号、鸣唱、回声定位等。哺乳动物会组织形成裂变融合社会、一雄多雌制度、一雌多雄制度和等级制度；但也有物种独来独往，有着自己的领地。大部分哺乳动物实行"一夫多妻制"，但也有的是"一夫一妻制"或者"一妻多夫制"。在新石器时代，人类驯化了多种哺乳动物，导致农业活动取代狩猎采集，哺乳动物成为人类的主要食物来源，人类社会结构也由游猎转向定居，各部落之间开始互相合作，发展出了人类的首个文明。全球现存哺乳动物29目153科约1200属约5400种，我国现存哺乳动物12目59科254属约700种，海南分布9目26科约90种。其中，海南长臂猿是目前全球现存数量最少的灵长类动物，目前仅存5群36只，只生活在海南热带雨林国家公园霸王岭片区的原始雨林中。

食虫目

猬科
Erinaceidae

139

小缺齿鼹海南亚种 ▼
Mogera insularis hainana

体小，通体软密绒毛，呈深黑棕丝绒状。多栖息于中高海拔的林缘，也见于菜园地；喜土壤疏松、腐殖质较多、湿润的环境。

贴士 长期适应洞道生活，视觉退化，听觉和鼻吻的触觉发达。

138

海南新毛猬 ▲
Neohylomys hainanensis

该种与毛猬的区别在尾相对较长，明显超过后足长但不及体长之半，头面部鼠灰色，略带棕黄，耳深灰色。栖息于海拔较高的热带雨林、热带次生林中。多在杂木林下或乱石堆中活动。

贴士 海南特有种，濒危物种。

鼹科
Talpidae

138

139

灵长目

长臂猿科
Hylobatidae

贴士 海南特有种，目前仅分布在海南霸王岭。极危物种。
国家一级重点保护野生动物。

140

海南长臂猿
Nomascus hainanus

性成熟后毛色渐分雌雄，雌猿变成金黄色，
而雄猿为黑色。栖息于热带雨林中。

C   D

食肉目
鼬科
Mustelidae

141

鼬獾 ▼
Melogale moschata

颈部粗短，耳壳短圆而直立，眼小，毛色变异较大，体背淡灰褐色、黄灰褐色、暗紫灰色到棕褐色不等，腹部苍白色、黄白色、肉桂色到杏黄色不等。栖息于河谷、沟谷、丘陵及山地的森林、灌丛或草丛中。

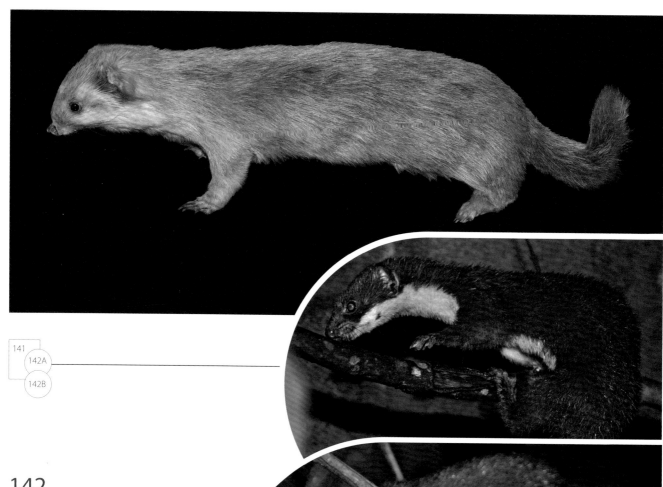

141
142A
142B

142

黄腹鼬 ▶
Mustela kathiah

上体背部为咖啡褐色；腹部从喉部经颈下至鼠蹊部及四肢肘部和膝部为沙黄色。栖息于山地和平原，见于林缘、河谷、灌丛和草丘中，也常出没在村庄附近。居于石洞、树洞或倒木下。

灵猫科
Viverridae

偶蹄目
猪科
Suidae

144

野猪 ▼
Sus scrofa

幼猪的毛色为浅棕色，有黑色条纹。大约在4个月内消失，形成均匀的颜色。栖息环境跨越温带与热带，从半干旱气候至热带雨林、温带林地、半沙漠和草原等都有其踪迹。

143

▲ 椰子狸
Paradoxurus hermaphroditus

全身大部分为棕黄色。头部黑褐色，前额有鲜明白斑。主要栖于热带雨林和季雨林及亚热带常绿阔叶林中，开旷的农耕地和稀树灌丛地带少见。栖息场所多在石隙、树洞或高大茂密的树梢上。

贴士 椰子狸有一种放臭弹自卫的方法，每当遇到敌方追赶，它们就从肛门腺里放出特殊的臭味分泌物——臭弹。这种臭弹熏人呕吐，使人们不敢接近它、追赶它。

鹿科
Cervidae

145

坡鹿（海南坡鹿）
Rucervus eldii

体毛一般为赤褐色到黄褐色，背部颜色较深，背中央由颈部至尾巴的基部有1条纵行的黑褐色脊带纹。栖息在低海拔低丘、平原地区，喜集聚于小河谷活动。

A
B

贴士 国家一级重点保护野生动物，濒危物种。

海南麂 ▼

Muntiacus nigripes

雄兽有角，单叉型，角短而直向后伸展；雌兽无角，其额顶着生特殊成束的黑毛，如同角茸。主要栖息在山地、丘陵地区灌丛和低海拔阔叶林中，喜独居或雌雄同栖。

贴士 国家二级重点保护野生动物。

146
147

147

水鹿 ▼

Rusa unicolor

雄鹿长着粗长的三叉角，最长者可达1米；与其他鹿种相区别的重要特征是角小、分叉少。栖息于中高海拔热带雨林。

贴士 国家二级重点保护野生动物，易危物种。

啮齿目

松鼠科
Sciuridae

148

红腿长吻松鼠 ▼
Dremomys pyrrhomerus

股外侧、臀部至膝下具显著的锈红色。吻较长，似锥形。主要栖息于在密林中。

149

巨松鼠 ▼
Ratufa bicolor

背部和两侧、尾的背腹面以及四肢外侧和掌面都是乌黑色，且具有光泽；腹部自颈、腹至鼠蹊部和四肢内侧呈橙黄色。主要栖息于热带（湿性）季雨林的高树上。

贴士 国家二级重点保护野生动物，近危物种。

149
148

150

倭花鼠
Tamiops maritimus

耳尖无丛毛簇，尾毛也不紧贴尾干，显得蓬松。背部正中有1条明显的黑色条纹，两侧有2条褐黄色或浅黄色的纵纹，再外侧为2条黑褐色纵纹，最外侧为2条浅黄或淡黄白色纵纹。栖息于各种林型，以亚热带森林为主，常在林缘和灌丛活动。

植物篇

海南热带雨林国家公园内初步统计有野生维管植物 210 科 1159 属 3653 种，占全国的 11.7%；国家重点保护植物有 133 种，其中，国家一级重点保护野生植物 7 种，主要为卷萼兜兰、坡垒等，国家二级重点保护野生植物 116 种，主要为降香、土沉香、海南油杉、海南韶子等。此外，海南鹤顶兰、坡垒、观光木等 17 种植物为极小种群物种。园区内有特有植物 846 种，其中，中国特有植物 427 种，海南岛特有植物 419 种。

海南热带雨林国家公园牢固树立和全面践行"绿水青山就是金山银山"的理念，秉承生态保护第一的理念，坚持山水林田湖草沙系统治理，保持自然生态系统原真性和完整性，保护生物多样性，保护生态安全屏障，为当代人提供优质生态产品，给子孙后代留下珍贵的自然遗产，实现国家所有、全民共享、世代传承。

马尾杉
Phlegmariurus phlegmaria
张志扬 摄

第8章
蕨类植物

蕨 类 植 物 分为石松类和真蕨类两大类。

石松类 (Lycopods) 是现生维管植物的基部群，最早起源于志留纪。到了泥盆纪，开始出现多种多样的类型，如草本、木本、两种孢子等。到石炭纪和二叠纪极为繁盛，高大的木本类型是构成早期森林的主要成员，也是今天煤炭资源的重要组成部分。到中生代末期，石松类开始走向衰弱。现代，全球仅存 3 科 19 属 1000 余种，我国分布 3 科 13 属 160 余种，海南分布 3 科 5 属 30 余种。

真蕨类 (Ferns) 是高等植物中比较低级的一个类群，处于系统演化的过渡阶段，是植物进化过程中的一个重要环节，也是一群进化水平最高的孢子植物。该类群中的松叶蕨是现存的维管束植物中最原始的类群。如今依然屹立于热带雨林中的木本蕨类桫椤，在侏罗纪和白垩纪时代曾是食草恐龙的食物。

孢子叶

石松科

石杉属
Huperzia

151

长柄石杉
Huperzia javanica

地生蕨类。常生长于高海拔林下、路边的土壤中；少见。

贴士 国家二级重点保护野生植物。长柄石杉中提炼的石杉碱甲（Huperzine-A）在治疗阿尔茨海默病中可有效提高患者的认知功能和生活能力。

A

B

垂穗石松属
Palhinhaea

152

垂穗石松
（铺地蜈蚣）

Palhinhaea cernua

中型至大型地生蕨类。生长于中低海拔阳光充足、潮湿的酸性土壤中；低危物种。

贴士 其孢子囊穗犹如小小下垂的麦穗，故称为"垂穗石松"，是花店良好的草作素材。此外，可入药，在民间被称为"伸筋草"。

马尾杉属
Phlegmariurus

孢子叶

153

马尾杉
Phlegmariurus phlegmaria

中型附生蕨类。附生于中低海拔林下的树干或岩壁；本种不育叶阔披针形，基部楔形，无柄；易危物种。

贴士 国家二级重点保护野生植物。本种孢子囊穗下垂，形如马尾；不同型的叶片形成鲜明对照，为优美的观叶植物，可用于大树树干、岩石附生栽培，为立体绿化的优良材料。

卷柏科

卷柏属
Selaginella

154

深绿卷柏（石上柏）
Selaginella doederleinii

地生草本。生长于中低海拔林下土中；低危物种。

孢
子
叶

黑顶卷柏

Selaginella picta

地生草本。植株直立或近直立；生
长于中低海拔的密林下，低危物种。

贴士 本种主茎及分枝的顶端干后
常变黑褐色。

孢
子
叶

由于生命力顽强，即使干旱烈日中叶子卷曲焦干，重新获得雨水后还能恢复原状，故被民间称为"还魂草"。

156

垫状卷柏（还魂草）
Selaginella pulvinata

地生或石生，旱生复苏植物，植株莲座状；常生长于高海拔的石灰岩上；近危物种。

孢子叶

高雄卷柏
Selaginella repanda

地生或石生草本。大孢子橘黄色，小孢
子橘红色或红色；生长于中低海拔的岩
石上或灌丛下；低危物种。

孢
子
叶

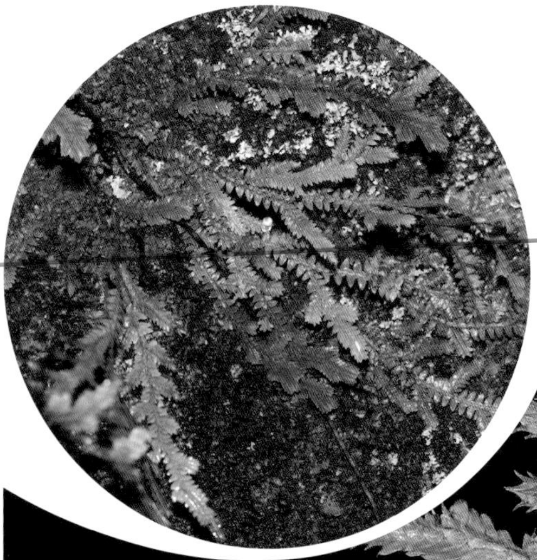

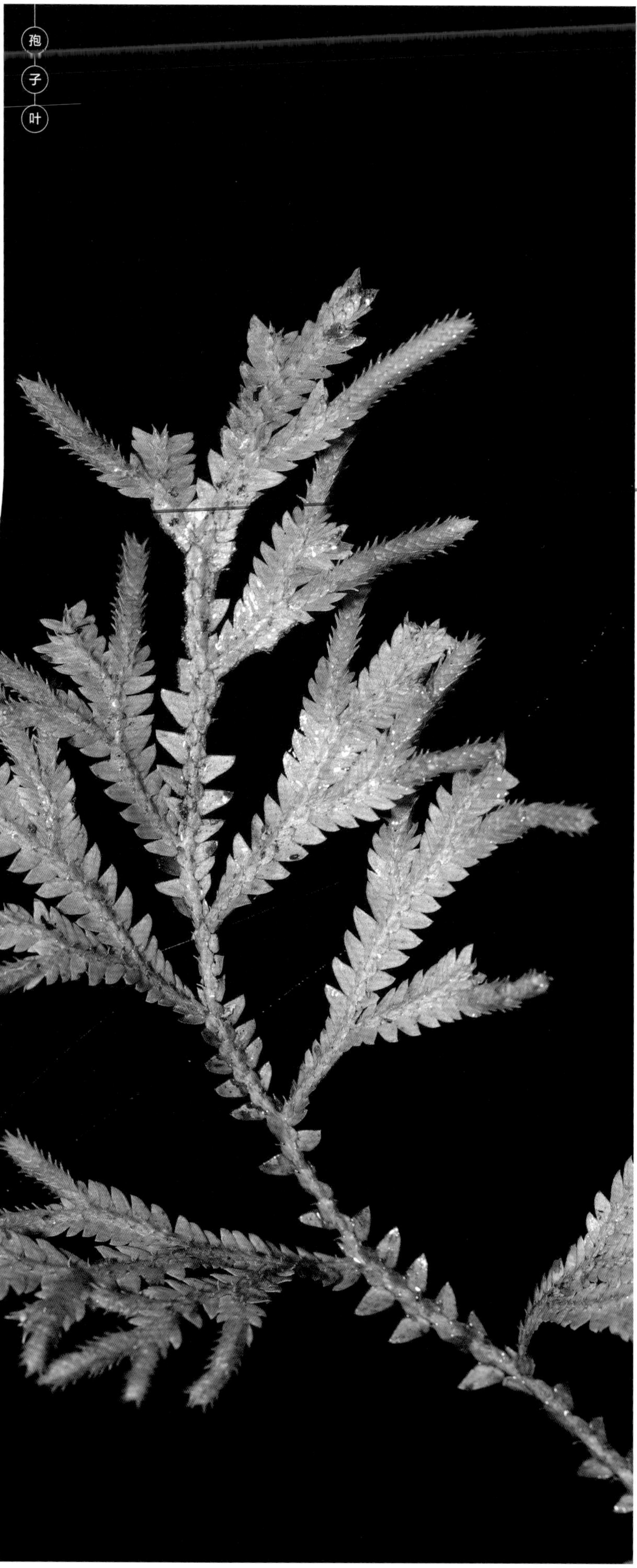

孢
子
叶

158

海南卷柏
Selaginella rolandi-principis

地生草本，直立；生长于中低海拔林下
潮湿岩石上或溪边；少见。

贴士 株形奇特，可用作观赏。

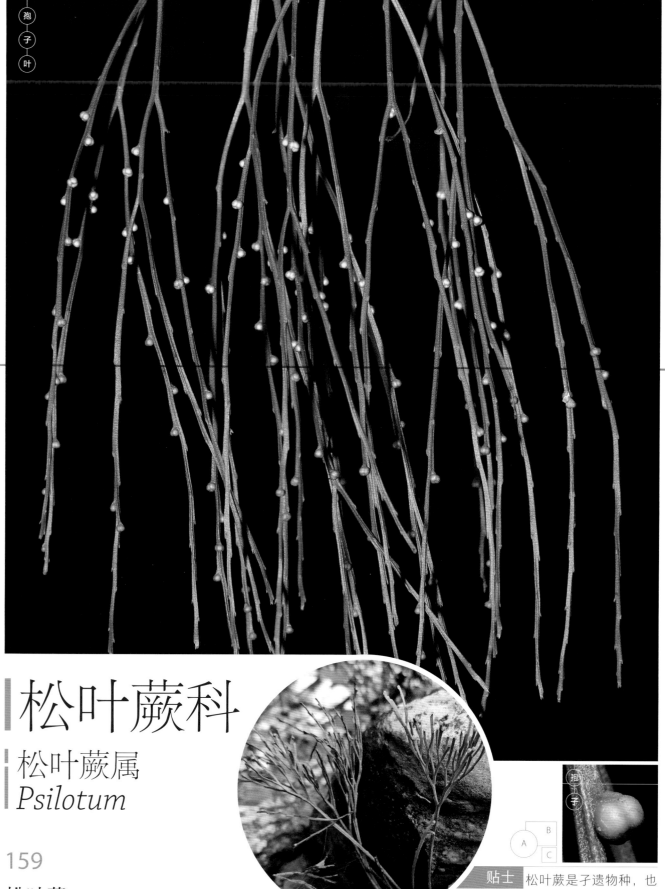

松叶蕨科

松叶蕨属
Psilotum

159

松叶蕨（松叶兰）
Psilotum nudum

小型附生蕨类。常附生于中海拔的
树干上或石缝中。易危物种。

孢
子

B
A
C

贴士 松叶蕨是孑遗物种，也
是松叶蕨亚门在中国唯一的分布
种，具有极高的研究价值。株形美观，
球形的孢子囊生于孢子叶腋，具有极高观赏
价值；园林中可用于岩缝、附于树干栽培观赏。
全草可入药。

观音座莲属
Angiopteris

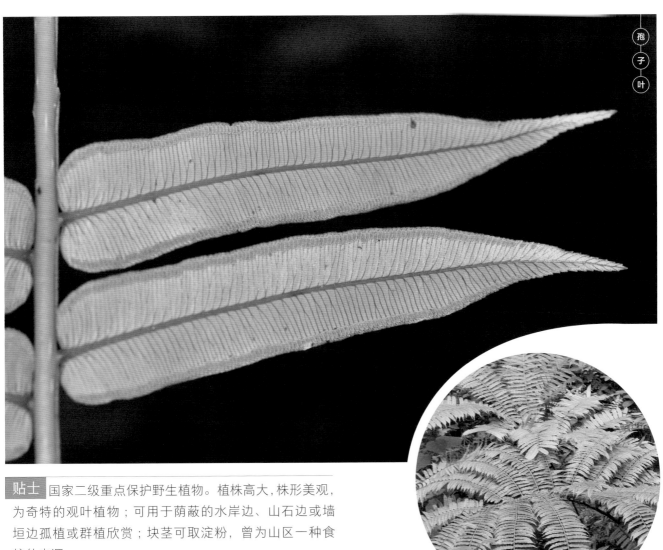

孢
子
叶

贴士 国家二级重点保护野生植物。植株高大,株形美观,为奇特的观叶植物;可用于荫蔽的水岸边、山石边或墙垣边孤植或群植欣赏;块茎可取淀粉,曾为山区一种食粮的来源。

A
B

160

福建观音座莲(牛蹄劳)
Angiopteris fokiensis

地生草本。生长于低海拔的山地、花岗岩、路旁、山谷阴处、疏密林下;少见。

海金沙科

海金沙属
Lygodium

161

海金沙
Lygodium japonicum

草质藤本。生长于中低海拔的灌
木丛中；低危物种。

贴士 孢子囊长成后散出沙状
黑褐色孢子，故称海金沙。据
李时珍《本草纲目》记载，本种
"甘寒无毒。通利小肠，疗伤寒热狂，
治湿热肿毒，小便热淋、膏淋、血淋、
石淋、经痛，解热毒气。"

膜蕨科

假脉蕨属
Crepidomanes

南洋假脉蕨
Crepidomanes bipunctatum

附生草本，小型附生植物。附生于中海拔阴湿的岩石上；很少见，低危物种。

贴士 有止血生肌的功能，外用治疗外伤出血及刀伤。

孢 子 叶

金毛狗科

金毛狗属
Cibotium

163

金毛狗
Cilotium barometz

大型蕨类。生长于中海拔的山麓沟边及林下阴处酸性土中。

贴士 国家二级重点保护野生植物。其根茎部位生长有细细密密的金毛，远远望去犹如一只金毛狗，故称为金毛狗。此外，根状茎顶端的长软毛可作止血用；也可栽培为观赏植物。

桫椤科

桫椤属
Alsophila

164

大叶黑桫椤（大黑桫椤）

Alsophila gigantea

大型蕨类。生长于中海拔的山谷疏林中；很少见，低危物种。

贴士 国家二级重点保护野生植物。古老的孑遗物种，是食草恐龙的主要食物。

黑桫椤属
Gymnosphaera

165

黑桫椤（鬼桫椤）
Gymnosphaera podophylla

大型蕨类。生长于中低海拔的山坡林和溪边灌丛中；很少见。

贴士 国家二级重点保护野生植物。树姿优美，耐荫蔽，可栽种于荫棚或庭园中阴湿处作大型观赏植物。

白桫椤属
Sphaeropteris

海南白桫椤
Sphaeropteris hainanensis

大型蕨类。生长于中海拔的常绿阔叶林缘和山沟谷底中；濒危物种。

贴士 国家二级重点保护野生植物。研究发现，海南产白桫椤不仅与云南产白桫椤的基因型不同，且在叶片特征和孢子纹饰上有明显差异；但两个居群的生殖隔离较弱，在广西沿海地区形成杂交产物，即在广西分布的白桫椤，其叶片特征为亲本的中间类型，是自然杂交分类群——广西白桫椤（*S. brunoniana × hainanensis*）。由此可见，曾经认为的白桫椤（*S. brunoniana*）并不只有一个物种，而是经过地理隔离以及自然杂交的方式在漫长的岁月中成功"脱单"，分化成为"一家三口"，即白桫椤（*S. brunoniana*）、海南白桫椤（*S. hainanensis*）和广西白桫椤（*S. brunoniana × hainanensis*）。

孢子叶

鳞始蕨科

鳞始蕨属
Lindsaea

孢子叶

167

向日鳞始蕨（海南深裂鳞始蕨）

Lindsaea hainaniana

地生草本。生长于中海拔的林下或溪边
湿地的土壤中；少见。

乌蕨属
Odontosoria

168

乌蕨（乌韭）
Odontosoria chinensis

草本。广泛分布于林下或灌丛中阴湿地上；常见。

贴士 据说有乌蕨具有"起死回生"之效；全草入药，有清热解毒、利湿作用。此外，其鳞片裂纹具有形式感，颜值极高，可用作观赏盆栽。

碗蕨科

鳞盖蕨属
Microlepia

169

虎克鳞盖蕨
Microlepia hookeriana

地生草本。生长于中海拔的溪边林中或阴湿地；很少见，低危物种。

孢子叶

A
B

贴士 叶形奇特，可作观赏用。

凤尾蕨科

车前蕨属
Antrophyum

170
美叶车前蕨（水芋叶车前蕨）
Antrophyum callifolium

附生草本。广泛附生于林中的树干或
岩石上；低危物种。

孢
子
叶

A
B

泽泻蕨属
Parahemionitis

171

泽泻蕨（拟泽泻蕨）
Parahemionitis cordata

地生草本，热带中型蕨类。生长于中低海拔的密林中的湿地、溪谷石缝或灌丛中；低危物种。

贴士 可作盆栽观赏。

营养叶

孢子叶

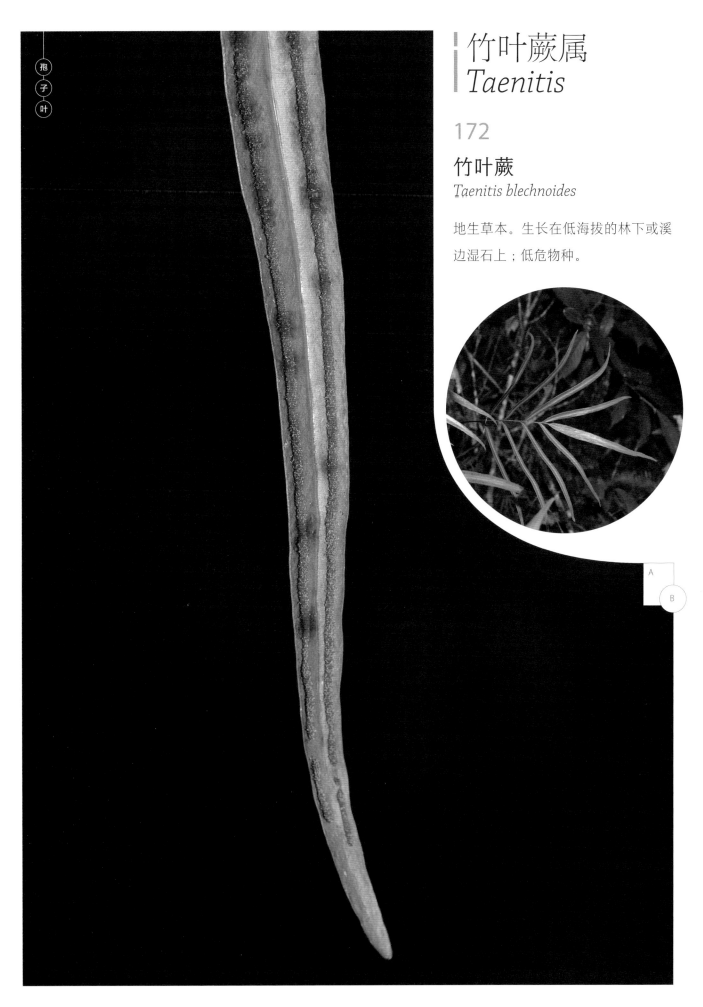

竹叶蕨属
Taenitis

172

竹叶蕨
Taenitis blechnoides

地生草本。生长在低海拔的林下或溪
边湿石上；低危物种。

A

B

孢子叶

铁角蕨科

铁角蕨属
Asplenium

173

海南铁角蕨
Asplenium hainanense

地生草本。生长于中低海拔林下溪边潮湿岩石上。

贴士 本种与华南铁角蕨的区别：叶柄长 5—15 厘米，叶片披针形，羽片尖头，叶坚纸质。

174

巢蕨（鸟巢蕨）
Asplenium nidus

附生草本植物。成大丛广泛附生于雨林中的树干或岩石上；常见。

贴士 叶子向外簇拥生长，中间宛如一个空的"漏斗"，形似鸟巢，故别名鸟巢蕨。

孢子叶

175

镰叶铁角蕨
Asplenium polyodon

附生草本。生长于中高海拔疏林下
的岩石上；常见。

孢子叶

膜叶铁角蕨属
Hymenasplenium

176

细辛蕨（细辛膜叶铁角蕨）
Hymenasplenium cardiophyllum

地生草本。生长于中海拔林下溪边的
岩石上或沙土中；少见。

孢
子
叶

A
B

金星蕨科

新月蕨属
Pronephrium

177

单叶新月蕨
Pronephrium simplex

A B
C

附生草本。通常生长在中低海拔的溪边或山谷林下；低危物种。

贴士 孢子囊群成熟时互相毗连而满布能育叶片的下面。

叉蕨科

叉蕨属
Tectaria

178 地耳蕨
Tectaria zeilanica

小型地生草本。生长于中低海拔的林下或溪旁疏阴潮湿的土壤中或岩石上。

贴士 全草入药，具有清热解毒和凉血止血功效。

水龙骨科

槲蕨属
Drynaria

A	B

179

崖姜（崖姜蕨）
Drynaria coronans

附生草本。广泛附生于雨林或季雨林中树干或岩石上；常见。

贴士 崖姜粗大的肉质根状茎在部分地区作骨碎补的代用品；本种可栽培于庭园供观赏用。

海南苏铁（刺柄苏铁）
Cycas hainanensis
王清隆 摄

裸子植物 是指种子植物中，胚珠在一开放的孢子叶上边缘或叶面，没有子房壁包被的类群。裸子植物为多年生木本植物，大多为单轴分枝的高大乔木如松科（Pinaceae）、柏科（Cupressaceae）等，也有少数木质藤本类群如买麻藤科（Gnetaceae）植物。裸子植物是地球上最早用种子进行有性繁殖的类群，是高等植物中由孢子生殖向种子生殖转化的关键类群。其演化历史悠久，最早可追溯至古生代泥盆纪，历经古生代，在中生代早期最为繁盛，又在全球气候变冷和冰川运动中大量灭绝，现仅有 4 亚纲 8 目 12 科 85 属约 1200 种，其中不少种类是从新生代第三纪出现，又经过第四纪冰川时期保留下来的子遗物种，如我国特有的银杏（*Ginkgo biloba*）等。

我国是世界上裸子植物最丰富的国家之一，全球 25% 以上的裸子植物种类在我国有分布，其中很多是特有种和子遗种。在海南岛中高海拔地区分布有大量陆均松（*Dacrydium pectinatum*）、鸡毛松（*Dacrycarpus imbricatus* var. *patulus*）在内的高大乔木，这些巨木在拥有重要生态价值的同时，也是本地民族神树崇拜的主要对象，具有较高人文价值，体现着朴素和谐的人与自然相处观。不仅如此，海南岛还分布有海南苏铁（*Cycas hainanensis*）、葫芦苏铁（*Cycas changjiangensis*），此两种现归并入闽粤苏铁（*Cycas taiwaniana*）为国家一级重点保护野生植物，以及海南粗榧（*Cephalotaxus hainanensis*）、雅加松（*Pinus massoniana* var. *hainanensis*）、华南五针松（*Pinus kwangtungensis*）、翠柏（*Calocedrus macrolepis*）等国家二级重点保护野生植物。

雌球花

小孢子囊

苏铁科

苏铁属
Cycas

180

葫芦苏铁
Cycas changjiangensis

常绿灌木，孢子叶球期春季。生长于中高海拔向阳的山地林中和季节性干旱的林区沙壤上或火烧迹地；少见，极危物种。

贴士 国家一级重点保护野生植物，海南特有种。葫芦苏铁茎干薄壁细胞含有大量淀粉可供食用，俗称西米（Sago）；又因长得像棕榈树，俗称西米棕榈（直译为"Sago Palm"）。

雄球花

A		
	B	C
D	E	

种子

181

海南苏铁（刺柄苏铁）
Cycas hainanensis

常绿木本，孢子叶球期春季。
生长于中低海拔的疏林中；
少见，濒危物种。

雄球花

贴士 国家一级重点保护野生植
物。龚洵研究组（2021）基于多基
因片段和 SSR 分子标记，采用分子物种
界定方法对台湾苏铁复合群 (*Cycas taiwaniana*
complex) 做了物种界定，台湾苏铁复合群仅有两个种，
即台湾苏铁 (*C. taiwanina*) 和四川苏铁 (*C. szechuanensis*)。
海南苏铁 (*C. hainanensis*)、葫芦苏铁 (*C. changjiangensis*)
和念珠苏铁 (*C. lingshuigensis*) 归并到台湾苏铁，仙湖苏
铁 (*C. fairylakea*) 归并到四川苏铁。而台湾苏铁中文名修
订为闽粤苏铁。

松科
松属
Pinus

182

海南五针松（粤松）
Pinus fenzeliana

高大乔木。花期春季；散生于中高海拔的山脊或岩石间，喜光树种，耐干旱、贫瘠土壤；少见。

贴士 中国特有种。材质较软，纹理直，结构较细，可作建筑等用材，也可提取树脂。

183

华南五针松
Pinus kwangtungensis

常绿乔木。花期春末夏初；生长于中高海拔
山地雨林中，喜气候温湿、雨量多、土壤深厚、
排水良好的酸性土及多岩石的山坡与山脊上，
常与阔叶树及针叶树混生；常见。

贴士 国家二级重点保护野生植物，中国特
有种。木材质较轻较软，结构较细密，具树脂，
耐久用。可作建筑、枕木、电杆、矿柱及家
具等用材，也可提取树脂。

球
果

184

雅加松

Pinus massoniana var. *hainanensis*

常绿乔木。花期春季；生长于高海拔的山地雨林中；很少见，易危物种。

贴士 国家二级重点保护野生植物，海南特有种。本变种与马尾松的区别在于树皮红褐色，裂成不规则薄片脱落；枝条平展，小枝斜上伸展；球果卵状圆柱形。

A
B
C

柏科

翠柏属
Calocedrus

185 翠柏（大鳞肖楠）
Calocedrus macrolepis

乔木。球果秋季成熟；生长于中高海拔的林中；易危物种。

贴士 国家二级重点保护野生植物。边材淡黄褐色，心材黄褐色可供建筑、桥梁、板料、家具等用，也可作庭园树种。

罗汉松科

鸡毛松属
Dacrycarpus

186

鸡毛松（异叶罗汉松）
Dacrycarpus imbricatus var. *patulus*

乔木。花期春季；生长于中海拔的山地林中，
多生山谷、溪旁或常绿阔叶林中；易危物种。

贴士 我国仅分布于海南。为海南山地林中主要的乔木树种。

陆均松属
Dacrydium

187

陆均松（红松）
Dacrydium pectinatum

乔木。花期春季；生长于中高海拔的山地雨林中，常与针叶树、阔叶树种混生成林或成块状纯林；濒危物种。

A B
C D

红豆杉科

三尖杉属
Cephalotaxus

188

海南粗榧
Cephalotaxus hainanensis

乔木。花期春季；散生于中高海拔的山地雨林中；很少见。

贴士 国家二级重点保护野生植物。枝、叶、种子可提取多种植物碱，对治疗白血病及淋巴肉瘤等有一定的疗效。

买麻藤科

买麻藤属
Gnetum

189

罗浮买麻藤
Gnetum luofuense

木质藤本。茎枝圆形，皮紫棕色，皮孔浅不显著；生长于中海拔的林下，缠绕于树干上；低危物种。

贴士 叶色青翠，是良好的垂直绿化植物，可配植于花架、走廊、墙栏等地。

190

买麻藤（冷饭团）
Gnetum montanum

大型木质藤本。花期夏季；生长于中海拔的森林中；低危物种。

贴士 茎皮含韧性纤维，可织麻袋、渔网、绳索等，又供制人造棉原料；种子可炒食或榨油，也可酿酒，树液为清凉饮料。

A C

B

龙珠果
Passiflora foetida
张中扬 摄

第 **10** 章
被子植物

被子植物 即开花植物，其最大的特征就是具有真正意义上的花。典型被子植物的花由花萼、花冠、雄蕊群、雌蕊群 4 个部分组成，凭借其对虫媒、鸟媒、风媒或水媒等各种传粉媒介的多样化适应，被自然选择保留，并不断演化，在数量上、形态结构上形成极其多样的变化，使之成为当今植物界中最进化、种类最多、分布最广、适应性最强的类群，是现代陆地生态系统的基石，更是人类文明延续和发展的重要基础。目前全球已知被子植物超过 30 万种，然而被子植物的起源与快速分化之谜，长期以来都是植物学研究的热点和难点之一，被达尔文称为"讨厌之谜"。

我国已知被子植物 250 余科 3000 余属，约 30000 种，占世界被子植物物种总数的 11.1%。海南热带雨林国家公园拥有中国分布最集中、保存最完好、连片面积最大、类型最多样的热带雨林，生物多样性特别丰富，是世界热带雨林的重要组成部分，属于全球 34 个生物多样性热点区之一。区域内被子植物种类繁盛，且具有较多海南特有种，如海南秋海棠（*Begonia hainanensis*）、海南天麻（*Gastrodia longitubularis*）、黄花马铃苣苔（*Oreocharis flavida*）等。与此同时，还分布有美花兰（*Cymbidium insigne*）、坡垒（*Hopea hainanensis*）以及卷萼兜兰（*Paphiopedilum appletonianum*）在内的国家一级重点保护野生植物，以及青梅（*Vatica mangachapoi*）、美丽火桐（*Firmiana pulcherrima*）、石碌含笑（*Michelia shiluensis*）、海南鹤顶兰（*Phaius hainanensis*）等国家二级重点保护野生植物。

木兰科

木莲属
Manglietiu

191

海南木莲（龙楠树）
Manglietia fordiana var. *hainanensis*

常绿乔木。花期夏季；生长于中海拔的山地林中；近危物种。

贴士 海南特有种。材质坚硬，被列为海南一类木材。

A
B

含笑属
Michelia

192

观光木
Michelia odora

常绿乔木。花期春夏；生长于中海拔的
岩山地常绿阔叶林中；易危物种。

贴士 花色美丽而芳香，供庭园观赏及行
道树种。

193

石碌含笑
Michelia shiluensis

常绿乔木。花期春夏；生长于高海拔常绿阔叶林中；濒危物种。

贴士 国家二级重点保护野生植物，海南特有种。

拟单性木兰属
Parakmeria

194

乐东拟单性木兰
Parakmeria lotungensis

常绿乔木。花期夏季；生长于中高海拔肥沃的阔叶林中；易危物种。

A

B

A
B
C

番荔枝科

蒙蒿子属
Anaxagorea

195

蒙蒿子（长柄灯台树）

Anaxagorea luzonensis

直立灌木。花期秋季；生长于中海拔
山地密林中；低危物种。

蕉木属
Chieniodendron

196

蕉木（钱氏木）
Chieniodendron hainanense

常绿乔木。花期夏秋；生长于中海拔山谷水旁密林中；濒危物种。

贴士 国家二级重点保护野生植物。

A	C
B	

单籽暗罗属
Monoon

197

海南单籽暗罗
Monoon laui

乔木。花期夏季；生长于中低海拔
的山地常绿阔叶林中；低危物种。

A
B
C

贴士

花果期均达半年以上，既能观花又能赏果，根叶还可作药。

紫玉盘属
Uvaria

198

大花紫玉盘（山椒子）
Uvaria grandiflora

攀缘灌木。花期夏秋；生长于低海拔灌木丛中或丘陵山地疏林中；低危物种。

樟科

北油丹属
Alseodaphnopsis

199

皱皮北油丹（皱皮油丹）
Alseodaphnopsis rugosa

乔木。花期夏季；生长于高海拔林谷混交林中；低危物种。

贴士 国家二级重点保护野生植物，海南特有种。木材纹理通直，结构细致均匀，具韧性与香气，耐腐性强，为优良用材树种。

润楠属
Machilus

200

刻节润楠
Machilus cicatricosa

乔木。花期夏季；生长于低海拔的阔叶混交林中；近危物种。

贴士　海南特有种。

201

柳叶润楠（柳叶桢楠）

Machilus salicina

小乔木或灌木状。花期春季；常生长
于低海拔地区的溪畔河边；低危物种。

贴士 本种适生水边，枝茂叶密，可作
护岸防堤树种。

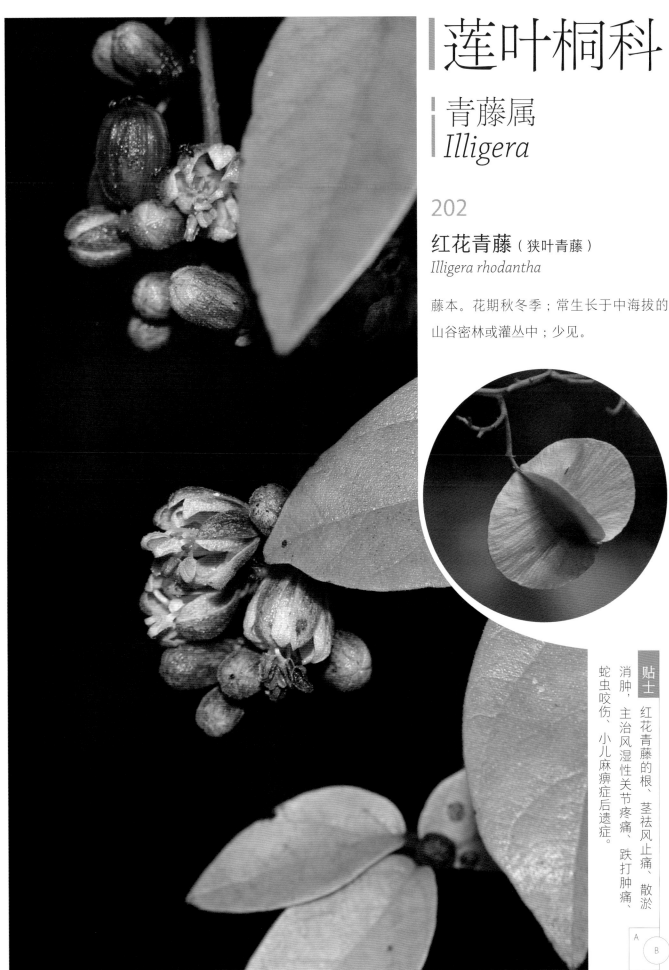

莲叶桐科

青藤属
Illigera

202

红花青藤（狭叶青藤）
Illigera rhodantha

藤本。花期秋冬季；常生长于中海拔的
山谷密林或灌丛中；少见。

贴士 红花青藤的根、茎祛风止痛、散淤
消肿，主治风湿性关节疼痛、跌打肿痛、
蛇虫咬伤、小儿麻痹症后遗症。

A
B

肉豆蔻科

风吹楠属
Horsfieldia

203

风吹楠
Horsfieldia amygdalina

乔木。花期秋季；生长于中低海拔的平坝疏林或山坡、沟谷的密林中；低危物种。

A
B
C

A
B

毛茛科

铁线莲属
Clemati

204

粗柄铁线莲
Clematis crassipes

木质藤本。花期夏季；生长于中海拔的山坡干燥地方，攀缘于灌丛中；低危物种。

205

两广锡兰莲（拿拉藤）

Naravelia pilulifera

木质藤本。花期秋季；常生长于低海拔的山坡、溪边的疏林中，攀缘于树上；低危物种。

锡兰莲属
Naravelia

贴士 本种叶片卵圆形，基部近于圆形，背面被短柔毛；花瓣顶端膨大成球形。

睡莲属
Nymphaea

206

延药睡莲
Nymphaea nouchali

多年生水生草本。花期秋冬季；常生长于低海拔的池沼、湖泊中；极少见。

睡莲科

防己科

古山龙属
Arcangelisia

贴士 国家二级重点保护野生植物。植物的根和茎都含有多种生物碱，如小檗碱 (berberine) 和巴马汀 (palmatine) 等，是海南民间常用的一种退热剂，也有很好的消炎作用。

207

古山龙
Arcangelisia gusanlung

木质藤本。花期夏季；生长于中海拔的林中；近危物种。

	A
B	C

千金藤属
Stephania

208

小叶地不容
Stephania succifera

草质、落叶藤本。花期春季；常生长于林下多石砾的地方；极危物种。

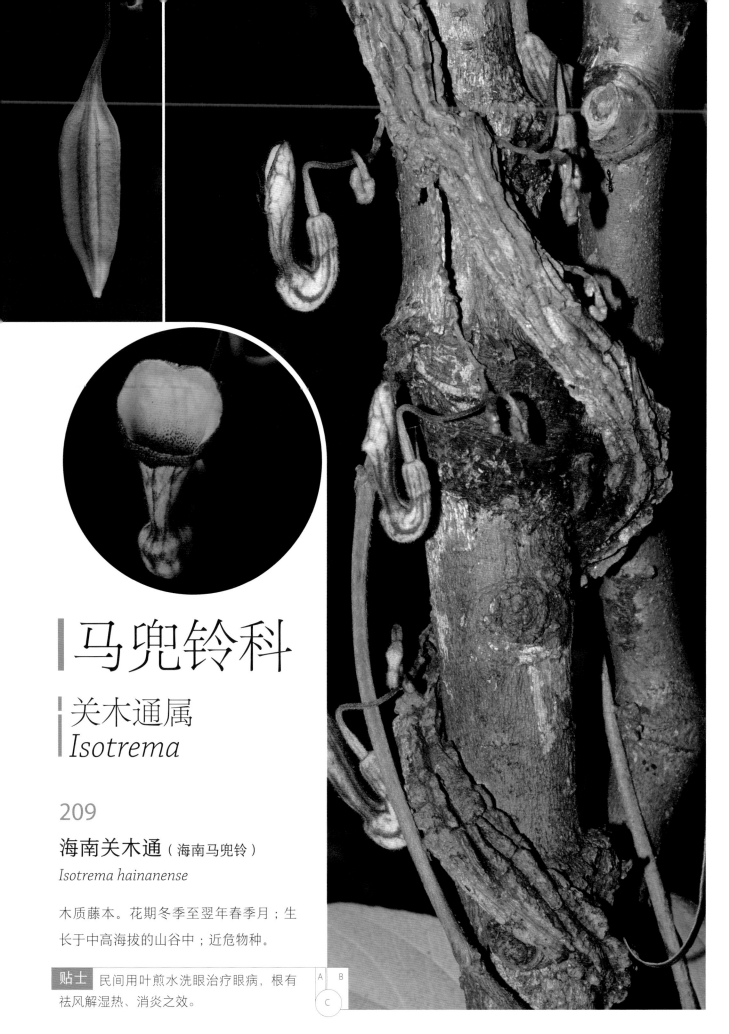

马兜铃科

关木通属
Isotrema

209

海南关木通（海南马兜铃）

Isotrema hainanense

木质藤本。花期冬季至翌年春季月；生长于中高海拔的山谷中；近危物种。

贴士 民间用叶煎水洗眼治疗眼病，根有祛风解湿热、消炎之效。

A　B
C

210

南粤关木通（南粤马兜铃）

Isotrema howii

木质藤本。花期夏季；生长于低海拔阳光充足、土壤比较干燥的疏林中；近危物种。

A

B

马兜铃属
Aristolochia

211

多型马兜铃（多型叶马兜铃）
Aristolochia polymorpha

草质藤本。花期秋冬季；生长于低海拔的林缘或疏林下；近危物种。

贴士 海南特有种。

212

耳叶马兜铃
Aristolochia tagala

草质藤本。花期夏季；生长于低海拔阔叶林中；低危物种。

贴士 根和种子药用，根味微苦、辛，性凉，有清热解毒之效，种子可治喉炎。

金粟兰科

雪香兰属
Hedyosmum

213

雪香兰
Hedyosmum orientale

草本或半灌木。花期冬季至翌年春季；生长于低海拔的山坡、谷地湿润的密林下或灌丛中；易危物种。

贴士 具药用价值，可治疗关节炎。

A

B

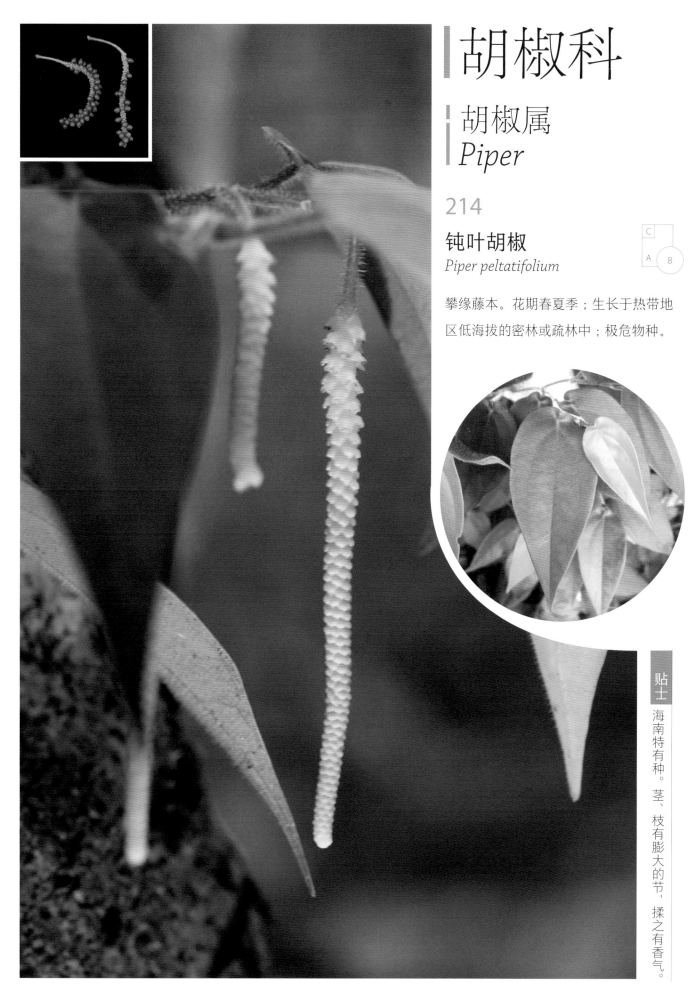

胡椒科

胡椒属
Piper

214

钝叶胡椒
Piper peltatifolium

攀缘藤本。花期春夏季；生长于热带地区低海拔的密林或疏林中；极危物种。

215

海南蒟
Piper hainanense

木质藤本。花期夏季；生长于低海拔的
密林或疏林中，攀缘于树上或石上；低
危物种。

远志科

远志属
Polygala

贴士 海南特有种。药用，含植物皂苷，可祛痰、溶血。

216 坝王远志
Polygala bawanglingensis

多年生灌木。花期夏季；生长于中海拔的石灰岩的石缝中；近危物种。

217

海岛远志
Polygala wuzhishanensis

直立草本或亚灌木。花期秋季；生长于
高海拔的林下岩石上；濒危物种。

贴士 海南特有种。

A
B

茅膏菜科

茅膏菜属
Drosera

茅膏菜
Drosera peltata

多年生攀缘状草本。花期夏秋季；广泛分布于山坡、山腰、山顶和溪边等草丛、灌丛和疏林下；低危物种。

贴士 食虫类植物，叶及叶腺毛含有毒汁，触及皮肤，可引起皮肤灼痛和发炎，家畜误食可引起中毒症状。

A

B

感应草属
Biophytum

酢浆草科

219

分枝感应草
Biophytum fruticosum

多年生草本。花期夏秋季；生长于中低海拔的路旁、岩壁、密林或疏林中；低危物种。

220

感应草
Biophytum sensitivum

一年生草本。花期夏秋季；生长于低海拔的路旁、山坡草地和林下阴湿处。

凤仙花科

凤仙花属
Impatiens

221

海南凤仙花
Impatiens hainanensis

多年生草本。花期夏秋季；生长于低至高海拔的石灰岩地貌薄土或石缝中；近危物种。

贴士 海南特有种。全草入药。

A

B

瑞香科

沉香属
Aquilaria

222
土沉香（白木香）
Aquilaria sinensis

乔木。花期春夏季；喜生长于低海拔的山地、丘陵以及路边阳处疏林中；易危物种。

贴士 国家二级重点保护野生植物。老茎受伤后所积累的树脂，俗称沉香，可作香料原料，并为治胃病特效药。树皮纤维柔韧，色白而细致可作高级纸原料及人造棉。木质部可提取芳香油，花可制浸膏。

青钟麻科

大风子属
Hydnocarpus

223

海南大风子（海南麻风树）
Hydnocarpus hainanensis

常绿乔木。花期夏季；生长于低海拔的常
绿阔叶林中；易危物种。

贴士 国家二级重点保护
野生植物。种子油富含大风
子酸和晁横酸等，可供消炎和
治麻风病、牛皮癣、风湿病等病症。
木材结构密致，材质坚硬而重，耐磨、耐腐，
为海南的优良名材。

西番莲科

西番莲属
Passiflora

224

龙珠果

Passiflora foetida

草质藤本。花期夏秋季；逸生于低海拔的草坡路边。

秋海棠科

秋海棠属
Begonia

225

紫背天葵（观音菜）
Begonia fimbristipula

多年生草本。花期夏季；生长于中海拔的山地疏林下石上、悬崖石缝中、山顶林下潮湿岩石上和山坡林下；低危物种。

226

海南秋海棠
Begonia hainanensis

多年生草本。花期夏季；生长于中海拔
的山谷中石上。

贴士 海南特有种。

227

香花秋海棠（大香秋海棠）

Begonia handelii

多年生草本。花期春季；生长于中低海拔的山坡路边密林中阴湿处和沟边林下的潮湿处；少见。

228

粗喙秋海棠（圆果秋海棠）
Begonia longifolia

多年生草本。花期夏季；生长于高海拔林下潮湿处；低危物种。

贴士 可供观赏和药用。

果

B
A C

229

裂叶秋海棠
Begonia palmata

多年生草本。花期夏秋季；生长于中海
拔林下潮湿处；常见。

B

A

230

盾叶秋海棠
Begonia peltatifolia

多年生草本。花期夏秋季；生长于中
高海拔的石灰岩石上；少见。

A
B
C

231

五指山秋海棠
Begonia wuzhishanensis

多年生草本。花期秋季；生长于高海
拔的林下；少见。

贴士 海南特有种。

山茶科

大头茶属
Polyspora

232

海南大头茶
Polyspora hainanensis

乔木。花期冬季至翌年春季；生长于中海拔的常绿林中；近危物种。

木荷属
Schima

233

木荷
Schima superba

乔木。花期夏季；生长于中海拔的次生林中；低危物种。

五列木科

杨桐属
Adinandra

A
B

234

海南杨桐（海南黄瑞木）
Adinandra hainanensis

乔木。花期夏季；生长于山地阳坡林中
或沟谷路旁林缘及灌丛中；低危物种。

235

狭叶杨桐
Adinandra angustifolia

灌木。花期春夏季；生长于中
高海拔的林中或水沟旁。

A

B

236

保亭杨桐（保亭黄瑞木）
Adinandra howii

小乔木。花期夏季；生长于中高海拔的
山地密林中或水沟边；低危物种。

贴士 海南特有种。

A

B

A
B

柃属
Eurya

237

海南柃
Eurya hainanensis

灌木或小乔木。花期冬季；生长于中海拔山坡、沟谷、河边或山顶密林及疏林中；低危物种。

五列木属
Pentaphylax

238

五列木
Pentaphylax euryoides

常绿乔木。花期夏季；生长于中高海拔的密林中；低危物种。

A

B

金莲木科

赛金莲木属
Campylospermum

239

齿叶赛金莲木（裂瓣赛金莲木）
Campylospermum serratum

灌木。花期夏季；生长于中海拔的溪旁或密林中；低危物种。

贴士 花型美丽，果实奇特，可作观花、观果植物。

A
B

钩枝藤科

钩枝藤属
Ancistrocladus

240

钩枝藤
Ancistrocladus tectorius

攀缘灌木。花期夏季；生长于中海拔的山坡、山谷密林中或山地森林中；易危物种。

龙脑香科

坡垒属
Hopea

241 坡垒

Hopea hainanensis

常绿乔木。花期夏季；生长于中海拔的密林中；濒危物种。

贴士 国家一级重点保护野生植物。热带雨林指示性物种。坡垒木结构致密，纹理交错，质坚重，干后少开裂，不变形，油润美观，特别耐浸渍，耐日晒，不受虫蛀，埋于地下可达40年而不朽。

青梅属
Vatica

242

青梅
Vatica mangachapoi

常绿乔木。花期夏季；生长于中海拔林中；易危物种。

贴士 国家二级重点保护野生植物，热带雨林指示性物种。材质坚硬，结构致密，心材极耐腐，耐水湿，是工业良材。

桃金娘科

蒲桃属
Syzygium

243 乌墨（海南蒲桃）

Syzygium cumini

乔木。花期春季；常见于低海拔林中或
旷野；低危物种。

> **贴士** 因其木材耐腐且不受虫蛀，可用于造船、建筑等，也可作为园林绿化树种。

A
B
C

244

水竹蒲桃
Syzygium fluviatile

灌木。花期夏季；常见于中低海拔的森林溪涧边；低危物种。

贴士 树冠丰满浓郁，花、果、叶均有观赏价值，可作庭荫树和固堤、防风树。

A

B

245

水翁蒲桃
Syzygium nervosum

乔木。花期夏季；喜生水边；常见。

贴士 花及叶供药用，含酚类及黄酮甙，
治感冒；根可治黄疸型肝炎。

野牡丹科

谷木属
Memecylon

246 细叶谷木（羊角扭）
Memecylon scutellatum

灌木。花期夏季；生长于低海拔山坡、平地
或缓坡的疏、密林中或灌木丛中阳处及水边；常见。

贴士 黎锦中蓝色的染料植物。叶还可药用，常用来制作解毒消肿类药物。

锦香草属
Phyllagathis

247 海南锦香草
Phyllagathis hainanensis

小灌木。花期夏季；生长于中海拔的
山坡林上、山谷中或湿地上；低危物种。

贴士　海南特有种。

A

B

248
短柄毛锦香草
Phyllagathis melastomatoides var. *brevipes*

灌木。花期春季；生长于中海拔的山谷、溪边；少见，低危物种。

贴士 海南特有种。皮含单宁。

蜂斗草属
Sonerila

249 海南蜂斗草（海南桑叶草）
Sonerila hainanensis

亚灌木，基部木质化。花期夏季；生长于高海拔山间林中的岩石积土上；低危物种。

贴士 海南特有种。

A

B

使君子科

榄仁树属
Terminalia

250 海南榄仁（鸡占）
Terminalia nigrovenulosa

乔木。花期秋季；生长于中海拔
至高海拔次生林中；低危物种。

贴士 国内仅分布在海南，是稀树草原和半落叶季雨林中的特有
树种，也是当地著名的优良用材树种之一。叶可入药，全年可采，
鲜用或晒干，叶捣烂外敷，治疗肿痛、外伤。

攀缘状灌木。花期初夏；多生长于低海拔的平地、山坡、路旁等向阳处的灌木丛中；低危物种。

风车子属
Combretum

251 使君子
Combretum indicum

贴士　种子为中药中最有效的驱蛔药之一，对小儿寄生蛔虫症疗效尤著。相传北宋年间潘州一带有一位叫郭使君的郎中，医术很强，并乐于助人。一天，他上山采药，发现一种果实，便带回家中，馋嘴的孙子吃后便排出几条蛔虫。于是人们为了纪念他，便给这种植物命名为使君子。

藤黄科

藤黄属
Garcinia

岭南山竹子 (海南山竹)
Garcinia oblongifolia

常绿乔木。花期夏季；生长于中低海拔的平地、丘陵、沟谷密林或疏林中；低危物种。

贴士 果可食，树皮含单宁，可提制栲胶。

A
B

253

单花山竹子
Garcinia oligantha

灌木。花期夏季；生长于中低海拔的
山地丛林中；低危物种。

贴士

单花山竹子的树皮具有清热解毒、消炎止痛、收敛生肌的功效。

A

B

锦葵科 | 木棉属
Bombax

254

木棉（英雄树）
Bombax ceiba

落叶高大乔木。花期春季；生长于低海拔沟谷雨林或季雨林；常见。

贴士 花可供蔬食，根皮可入药。果内棉毛可作枕、褥、救生圈等填充材料。种子油可作润滑油、制肥皂。木材轻软，可用作蒸笼、箱板、火柴梗、造纸等用材。花大而美，树姿巍峨，可栽植为庭园观赏树、行道树。

梧桐属
Firmiana

255 美丽火桐（美丽梧桐）
Firmiana pulcherrima

落叶乔木。花期春末初夏；生长于中海拔的森林中和山谷溪旁；濒危物种。

贴士 国家二级重点保护野生植物。美丽火桐树形美观，叶形优美，观赏价值高。

银叶树属
Heritiera

256

蝴蝶树
Heritiera parvifolia

常绿乔木。花期夏季；生长于中低海拔
的山地热带雨林中；易危物种。

A
B

贴士 木材暗红色，质硬，为优良的造船材。常
为热带雨林最上层树种，有明显的板状干基。

鹧鸪麻属
Kleinhovia

257 鹧鸪麻
Kleinhovia hospita

乔木。花期夏季；生长于低海拔的丘陵地或山地疏林中；低危物种。

贴士 本种的木材轻软，可制家具和网罟的浮子等。树皮的纤维可编绳和织麻袋。

A
B
C

翅苹婆属
Pterygota

258

翅苹婆
Pterygota alata

高大乔木。花期春夏季；生长于中低
山坡的疏林中；低危物种。

贴士 树形优美，具有一定的观赏价值。

大戟科

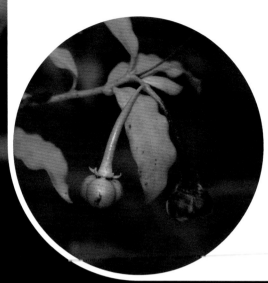

留萼木属
Blachia

259

留萼木（柏启木）
Blachia pentzii

灌木。全年开花；广泛分布于山谷、河边的林下或灌木丛中；低危物种。

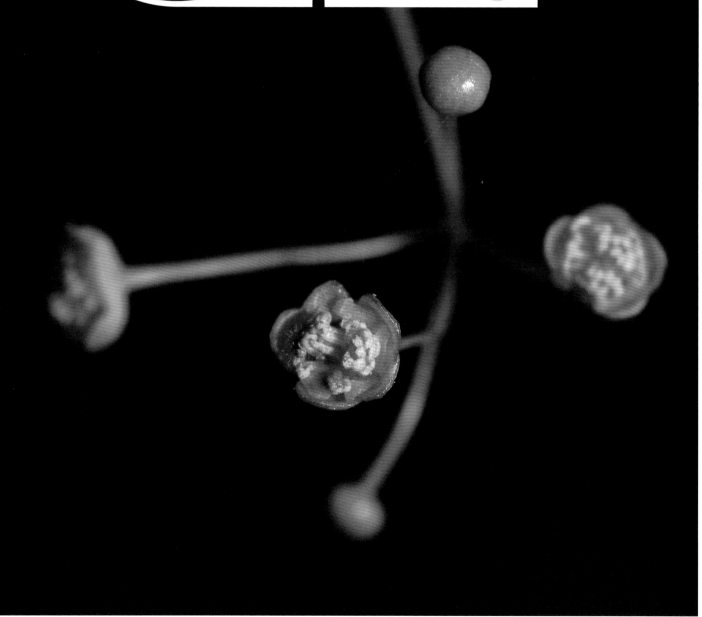

巴豆属
Croton

260 海南巴豆 *Croton laui*

灌木。花期春季；生长于低海拔疏林中，易危物种。

贴士 海南特有种。

大戟属
Euphorbia

261

海南大戟

Euphorbia hainanensis

灌木。花期夏季；生长于中海拔石灰岩
山地林下；濒危物种。

贴士 海南特有种。

A

B

野桐属
Mallotus

262

锈毛野桐
Mallotus anomalus

灌木。花期夏秋季；生长于低海拔的
山地灌丛或密林中；低危物种。

贴士

海南特有种。因小枝、叶和花序均密被锈色星状短柔毛，故名锈毛野桐。

263

山苦茶（鹧鸪茶）

Mallotus peltatus

灌木。花期春夏季；生长于中低海拔的山谷林中；低危物种。

贴士 鹧鸪茶是一种奇特的野生茶叶。千年来，被历代文人墨客誉为茶品中的"灵芝草"，是海南各地方人们四季常饮和接待宾客的绿色养生健康饮品。我国著名诗人、戏曲作家田汉当年登东山岭曾写下："羊肥爱芝草，茶好伴名泉"的诗句。鹧鸪茶能清热解毒，并有好闻的药香，清热解渴，消食利胆，茶叶香气浓烈，冲泡后汤色清亮，饮后口味甘甜，余香无穷，是理想的解油腻、助消化的保健饮料。有降压、减肥、健脾、养胃之效，还可防治感冒。

三宝木属
Trigonostemon

264
异叶三宝木
Trigonostemon flavidus

灌木。花期夏秋季；生长于中低海拔山谷密林中；低危物种。

贴士 海南特有种。

叶下珠科

木奶果属
Baccaurea

265 木奶果（火果）
Baccaurea ramiflora

常绿乔木。花期初夏；生长于中低海拔
山地林中；低危物种。

贴士　果实味道酸甜，成熟时可吃。木材可作家具和细木工用料。树形美观，可作行道树。

叶下珠属
Phyllanthus

266 海南叶下珠
Phyllanthus hainanensis

灌木。花果期全年；生长于低海拔山地疏林下或灌木丛中；低危物种。

金虎尾科

风筝果属
Hiptage

267 风筝果（红龙）
Hiptage benghalensis

木质攀缘藤本。花期春季；生长于低海拔沟谷密林、疏林中或沟边路旁；少见。

贴士 川苔草科植物往往生长在川流不息的小溪流中，高仅几毫米，形态似『苔』一样的草本，丫形雄蕊『像脚丫一样』。本科川苔草属（*Cladopus*）植物，往往生长在『飞流直下三千尺』的瀑布环境中，因此得名飞瀑草。

川苔草科

川苔草属
Cladopus

268 飞瀑草

Cladopus nymanii

草本。花期冬季；生长于中海拔水流湍急的河川及瀑布边；易危物种。

[273]

蔷薇科

李属
Prunus

269 海南樱桃
Prunus hainanensis

落叶乔木。花期初春；生长于中海拔的
山地林中；很少见。

悬钩子属
Rubus

270 粗叶悬钩子（海南悬钩子）
Rubus alceifolius

攀缘灌木。花期夏秋季；生长于低海拔
沿溪林中；低危物种。

271 蛇蘑筋（越南悬钩子）

Rubus cochinchinensis

攀缘灌木。花期夏季；生长于中低海拔的灌木林；低危物种。

贴士 根有散瘀活血、祛风湿之效。

A

B

272 锈毛莓（大叶蛇勒）

Rubus reflexus

攀缘灌木。花期夏季；生长于中低海拔的山坡、山谷灌丛或疏林；常见。

贴士 果可食；根入药，有祛风湿、强筋骨之效。

豆科

猴耳环属
Archidendron

273 薄叶猴耳环
Archidendron utile

A
B

灌木。花期夏季；生长于中低海拔密林中；低危物种。

火索藤属
Phanera

274 锈荚藤
Phanera erythropoda

木质藤本。花期夏季；生长于低海拔山地疏林中或沟谷旁岩石上；少见。

A
B
C

藤槐属
Bowringia

275 藤槐

Bowringia callicarpa

攀缘灌木。花期夏季；生长于低海拔山谷林缘或河溪旁，常攀缘于其他植物上；常见。

贴士 具有清热凉血的功效。可用于治疗跌打损伤、外伤出血。

蝙蝠草属
Christia

276 海南蝙蝠草
Christia hainanensis

多年生草本。花期秋季；生长于低海
拔的稀疏林下；近危物种。

贴士 海南特有种。

A

B

277
蝙蝠草（飞锡草）
Christia vespertilionis

多年生草本。花期夏季；多生长
于低海拔的旷野草地、灌丛中、
路旁及海边地区；低危物种。

A
B

黄檀属
Dalbergia

278 红果黄檀（白沙黄檀）

Dalbergia tsoi

木质藤本。花期夏季；常生活在密林
中；易危物种。

贴士 海南特有种。

A
B
C

279 海南黄檀（海南花梨木）

Dalbergia hainanensis

落叶乔木。花期夏季；生长于中低海拔的山地疏或密林中；易危物种。

A
B
C

280 降香（花梨木）

Dalbergia odorifera

落叶乔木。花期夏季；生长于低海拔的山地疏林；极危物种。

贴士 国家二级重点保护野生植物，海南特有的珍贵树种。心材极耐腐，切面光，纹理美致，且香气经久不灭，是名贵家具、工艺品等上等木材；心材入药可代替进口降香；木材的蒸馏油香气不易挥发，可作定香剂。

榼藤属
Entada

281 榼藤（过江龙）
Entada phaseoloides

木质大藤本。花期春夏季；生长于中低海拔的山涧或山坡混交林中；濒危物种。

崖豆藤属
Millettia

海南崖豆藤
Millettia pachyloba

巨大藤本。花期夏季；生长于中海拔沟谷常绿阔叶林中；低危物种。

贴士 根茎、种子可入药。

A
B
C

A
B

283

黄毛黧豆

Mucuna bracteata

一年生缠绕藤本。花期春季；生长于低海拔林中
或草地、山坡、路边、溪旁；近危物种。

A

C B

284
海南红豆（羽叶红豆）
Ormosia pinnata

常绿乔木。花期夏季；生长于中低海拔的山谷、山坡、路旁森林中；低危物种。

贴士 国家二级重点保护野生植物。

排钱树属
Phyllodium

285 排钱树（排钱草）
Phyllodium pulchellum

灌木。花期秋季；生长于中低海拔的丘陵荒地、路旁或山坡疏林中；低危物种。

油楠属
Sindora

286 油楠（蚌壳树）
Sindora glabra

乔木。花期夏季；生长于中海拔山地的混交林内；易危物种。

B
A
C

狸尾豆属
Uraria

287 狸尾豆
Uraria lagopodioides

A
B

多年生草本。花期秋季；生长于中低海拔旷野坡地灌丛中；低危物种。

288 美花狸尾豆

Uraria picta

亚灌木。花期夏秋季；多生长于低海
拔的草坡上；低危物种。

金缕梅科

山铜材属
Chunia

289 山铜材

Chunia bucklandioides

常绿乔木。花期夏季；喜生长于中低海
拔的潮湿山谷中；濒危物种。

贴士 国家二级重点保护野生植物。

马蹄荷属
Exbucklandia

大果马蹄荷
Exbucklandia tonkinensis

常绿乔木。花期夏季；多生长于中高
海拔的山地雨林；低危物种。

贴士 该树为优良的水源林树种、防火林带树种及观赏园林树种。

A B

蕈树科

蕈树属
Altingia

291 海南蕈树（倒卵阿丁枫）

Altingia oborata

常绿乔木。花期春季；生长于中海拔的
山地常绿林中；易危物种。

贴士 海南特有种。

贴士
国家二级重点保护野生植物，中国特有种。叶子有三种形态。

半枫荷属
Semiliquidambar

292 半枫荷
Semiliquidambar cathayensis

常绿乔木。花期春季；生长于中海拔的林中或溪旁疏林内；易危物种。

A

B

杨柳科

天料木属
Homalium

293
广南天料木（白花天料木）
Homalium paniculiflorum

乔木。花期秋季；生长于低海拔密林中、溪边灌丛中或海岸灌丛中；低危物种。

贴士 木材可用来制作家具和器具等。

该种木材优良、结构细密、纹理清晰，是建筑及桥梁和家具的重要用材。被砍伐后，会有许多幼苗从树桩根部萌发出来，所以被称作『母生』。

A

B

294 斯里兰卡天料木（母生）

Homalium ceylanicum

高大乔木。花期夏季；生长于中高海拔山谷密林中；易危物种。

桦木科

鹅耳枥属
Carpinus

295 海南鹅耳枥

Carpinus londoniana var. *lanceolata*

落叶乔木。花期春季；生长于中海拔林中；低危物种。

壳斗科

锥属
Castanopsis

296 黧蒴锥（黧蒴）

Castanopsis fissa

高大乔木。花期夏季，生长于中低海拔疏林中；低危物种。

297
海南锥 (海南栲)
Castanopsis hainanensis

高大乔木。花期春季；生长于中低海拔
山地密林中；易危物种。

贴士 心材、边材可以分辨，边材黄褐色，心材色较深，散孔材，无宽木射线，材质
略坚重，结构密致，耐水湿，适作梁、柱、地板、家具及农具材。果实富含品质较好
的淀粉，可供食用。每年果实成熟掉落时，会吸引大量鸟类、野猪来树下。

竹叶青冈因叶似竹叶而得名。在海南热带山地阔叶林中是常见树种，伴生树种有陆均松、苦梓、油楠、白颜树及海南蕈树等。

栎属
Quercus

298 竹叶青冈
Quercus neglecta

常绿乔木。花期春季；生长于中高海拔山地密林中；生长于干燥环境中的植株矮小；低危物种。

299 槟榔青冈

Quercus bella

高大常绿乔木。花期春季；生长于低海
拔山地和丘陵，喜湿润环境；低危物种。

贴士 木材可供制作器具、家具等。树
干可培养香菇。

300 栎子青冈
Quercus blakei

高大乔木。花期春季；生长于中低海拔的山谷密林中；低危物种。

C A
B

301 托盘青冈

Quercus patelliformis

高大常绿乔木。花期夏季；生长于中高
海拔常绿阔叶林中，喜湿润；低危物种。

贴士 山地森林中为上层树种，伴生树
种有青梅、北油丹、海南单籽暗罗及黄
叶树等。

柯属
Lithocarpus

302 烟斗柯（烟斗椆）

Lithocarpus corneus

乔木。花期几乎全年，盛花期为夏季；生长于低海拔溪边、山坡或疏林；常见。

303 犁耙柯

Lithocarpus silvicolarum

乔木。花期春夏季；生长于中高海拔山地常绿阔叶林中；近危物种。

贴士 木材淡紫褐色，纵切面灰棕带红色，木材纹理通直、结构密致，材质稍软，纵切面平滑而有光泽，材色一致，适作家具材。

大麻科 | 白颜树属
Gironniera

白颜树
Gironniera subaequalis

乔木。花期春季；生长于中低海拔山谷、溪边的湿润林中；低危物种。

贴士 海南长臂猿食源植物，采食果实。

B

A

桑科 | 榕属
Ficus

305 大果榕（大石榴）

Ficus auriculata

乔木。花期夏秋季；生长于中低海拔低山沟谷雨林中；低危物种。

贴士 雨林奇观老茎生花代表植物。大果榕嫩枝叶柔嫩，可食用。

A

B

贴士 雨林奇观中石上树、板根、绞杀植物的代表。

306 斜叶榕

Ficus tinctoria subsp. *gibbosa*

乔木。花果期夏季；生长于低海拔山谷湿润林中或岩石上；低危物种。

桑寄生科

梨果寄生属
Scurrula

307 楠树梨果寄生
Scurrula phoebe-formosanae

灌木。花期春季；寄生于樟科植物上；低危物种。

| 贴士 | 寄生植物是指植物的整个或部分生命周期，其营养全部或部分来自其他植物（寄主植物）。寄生植物具特化的根，称作吸器，会穿过宿主的组织达到木质部或韧皮部，或二者皆有以吸取水分和养分。 |

蛇菰科
蛇菰属
Balanophora

308

短穗蛇菰（海南蛇菰）

Balanophora abbreviata

多年生寄生肉质草本。花期秋季；生长于中高海拔密林下；很少见。

A
B

309 红冬蛇菰（葛菌）

Balanophora harlandii

多年生寄生肉质草本。花期秋季；生长于中高海拔荫蔽、湿润的腐殖质土壤中；低危物种。

A

B

葡萄科

崖爬藤属
Tetrastigma

310

扁担藤
Tetrastigma planicaule

木质大藤本。花期夏季；生长于中低海拔山谷林中或山坡岩石缝中；低危物种。

B

A

芸香科

酒饼簕属
Atalantia

311 酒饼簕
Atalantia buxifolia

灌木。花期夏秋季，常在同植株上花果并茂；生长于低海拔山地林中；低危物种。

贴士 成熟的果味甜，根、叶用作草药，气香，味微辛、苦，性温。祛风散寒，行气止痛。与其他草药配用治支气管炎、风寒咳嗽、感冒发热、风湿关节炎、慢性胃炎、胃溃疡及跌打肿痛等。叶含精油、香豆素等。根含黄酮类化合物及生物碱。

贴士 根皮淡黄色，味微苦。民间用作草药，但用途不详，可能与酒饼簕的药效类似。

312 广东酒饼簕

Atalantia kwangtungensis

灌木。花期夏季；生长于低海拔山地常绿阔叶林中的荫蔽、湿润处；近危物种。

无患子科

鳞花木属
Lepisanthe

313 爪耳木

Lepisanthes unilocularis

灌木。花期春季；生长于低海拔林中；
野外灭绝。

贴士 中国特有种。该种已野外灭绝，
目前仅保育于海南儋州中国热带农业科
学院品种资源研究所种质资源圃。

A

B

荔枝属
Litchi

荔枝
Litchi chinensis

常绿乔木。花期春季；生长于中低海拔山林中；濒危物种。

贴士

国家二级重点保护野生植物。荔枝果实除食用外，核可入药。

木材坚实，深红褐色，纹理雅致，耐腐，历来为上等名材。

A

B

五加科

鹅掌柴属
Heptapleurum

315 海南鹅掌柴
Heptapleurum hainanense

乔木。花期秋季；常生长于中、高海拔
的山区林中；低危物种。

贴士 株形优美，具有观赏价值。

A

B

杜鹃花科

珍珠花属
Lyonia

316 红脉珍珠花（红脉南烛）
Lyonia ovalifolia var. *rubrovenia*

灌木。花期春季；生长于中高海拔的丛林中；少见。

A
B

A

B

鹿蹄草属
Pyrola

317 普通鹿蹄草

Pyrola decorata

常绿草本状小半灌木。花期夏季；生长于中低海拔山地
阔叶林或灌丛下；低危物种。

贴士 民间常用药用植物，主治肺病、止咳、筋骨疼痛等。

贴士

为本属耐热较强的种类，花朵艳丽，具有观赏价值。

杜鹃花属
Rhododendron

318 海南杜鹃

Rhododendron hainanense

灌木。花期夏秋季；生长于中低海拔山地、林缘或溪边；易危物种。

319

毛棉杜鹃（白杜鹃）

Rhododendron moulmainense

小乔木。花期春季；生长于中高海拔的灌丛或疏林中；少见。

贴士 花大，具有观赏价值。

越橘属
Vaccinium

320
南烛（乌饭树）
Vaccinium bracteatum

小乔木。花期夏季；生长于低海拔
丘陵地；低危物种。

贴士 果实成熟后酸甜，可食；采摘枝、叶渍汁浸米，
可煮成"乌饭"。果实入药，名"南烛子"。

A

B

山榄科

紫荆木属
Madhuca

321 海南紫荆木（海南马胡卡）

Madhuca hainanensis

乔木。花期夏季；生长于中海拔的山地常绿林中；易危物种。

> **贴士** 国家二级重点保护野生植物，海南四大名木之一。木材暗红褐色，结构致密，材质坚韧、耐腐，可作为船、车轴、桥梁等的用材；种子含油量达 55%，供食用和制皂；树皮含鞣质，可制栲胶。

山矾科

山矾属
Symplocos

贴士 叶可作茶，根药用，治跌打。

322 光叶山矾
Symplocos lancifolia

小乔木。花期夏秋季，边开花边结果；
生长于中低海拔林中；低危物种。

323 单花山矾

Symplocos ovatilobata

乔木。花期秋季；生长于中海拔的
密林中；濒危物种。

A

B

324 丛花山矾（十棱山矾）

Symplocos poilanei

乔木。花期春季；生长于低海拔溪边或山坡疏林或密林中；低危物种。

A
B
C

钩吻科

钩吻属
Gelsemium

325 钩吻（胡蔓藤）

Gelsemium elegans

常绿木质藤本。花期夏秋季；生长于中低海拔山地路旁灌木丛中或潮湿肥沃的丘陵山坡疏林下；低危物种。

贴士 全株有大毒，含有钩吻碱。供药用，有消肿止痛、拔毒杀虫之效；华南地区常用作中兽医草药，对猪、牛、羊有驱虫功效；也可作农药，防治水稻螟虫。

A

B

326 樟叶素馨

Jasminum cinnamomifolium

攀缘灌木。花期夏秋季；生长于中低
海拔的林中、沙地；低危物种。

木犀科

素馨属
Jasminum

327 白皮素馨

Jasminum rehderianum

攀缘灌木。花期秋季；生长于低海拔的
山坡、丛林、旷野；近危物种。

贴士 花朵清香，具栽培价值。

夹竹桃科

吊灯花属
Ceropegia

328 短序吊灯花

Ceropegia christenseniana

草质藤本。花期秋季；生长于山地林中；
低危物种。

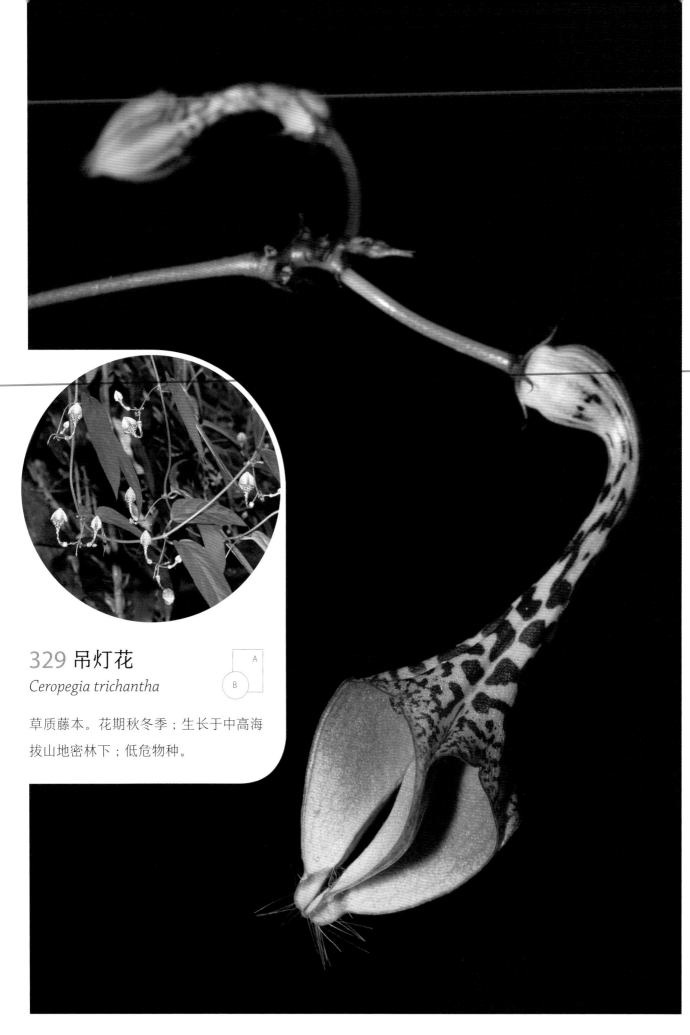

329 吊灯花

Ceropegia trichantha

草质藤本。花期秋冬季；生长于中高海拔山地密林下；低危物种。

醉魂藤属
Heterostemma

330 催乳藤

Heterostemma oblongifolium

藤本。花期秋季；生长于低海拔山地疏林或灌木丛中；低危物种。

贴士 全株可作药用，华南地区民间有用其作催奶药。

331
秉滔醉魂藤（尖峰岭醉魂藤）
Heterostemma pingtaoi

多年生藤本。花期秋季；生长于中低海
拔密林中；极少见。

贴士 海南特有种。

332

荷秋藤（狭叶荷秋藤）

Hoya griffithii

附生攀缘灌木。花期秋季；生长于中低海拔的山地林中；低危物种。

A
B

333 铁草鞋（三脉球兰）

Hoya pottsii

附生攀缘灌木。花期夏季；生长于低海拔的山地林中；低危物种。

A

B

蕊木属
Kopsia

334

海南蕊木
Kopsia hainanensis

直立灌木。花期夏秋季；生长于中低海拔的山地林谷中或溪畔；濒危物种。

贴士

海南特有种。具有观赏价值。

A

B

335 石萝藦（水杨柳）
Pentasachme caudatum

多年生草本。花期夏季；生长于低海拔至中海拔的林谷中、溪边或石缝；低危物种。

A

B C

336

尖蕾狗牙花（海南狗牙花）

Tabernaemontana bufalina

多年生灌木。花期夏秋季；生长于低海
拔山地疏林中；低危物种。

娃儿藤属
Tylophora

337 轮环娃儿藤
Tylophora cycleoides

攀缘灌木。花期秋季；生长于低海拔山地林中；低危物种。

贴士 中国特有种。

A
B

茜草科

栀子属
Gardenia

338
狭叶栀子（野白蝉）
Gardenia stenophylla

灌木。花期夏季；生长于低海拔溪边；
低危物种。

耳草属
Hedyotis

339 宽昭耳草
Hedyotis howii

亚灌木或灌木。花期春季；生长
于低海拔干燥山坡林下；少见。

贴士 海南特有种。

340
中华耳草
Hedyotis cathayana

直立亚灌木。花期几乎全年；生长于中海拔的山谷林中；低危物种。

贴士 海南特有种。

341 闭花耳草

Hedyotis cryptantha

多年生草本。花期秋季；常生长于低
海拔的水旁、岩石隙缝或潮湿、荫蔽
的山谷密林下；低危物种。

贴士 海南特有种。

A

B

342
定安耳草
Hedyotis dinganensis

多年生草本。花果期秋冬季；生长于低海拔疏林下或林缘；少见。

贴士 海南特有种。

343

海南耳草

Hedyotis hainanensis

灌木。花期夏季；生长于低海拔的密林
下湿润处；低危物种。

贴士 海南特有种。

344
五指山耳草
Hedyotis wuzhishanensis

亚灌木或灌木。花期秋季；生长于中
高海拔的森林中；低危物种。

A
B

贴士 海南特有种。

龙船花属
Ixora

345 海南龙船花

Ixora hainanensis

灌木。花期夏秋季，生长于中低海拔
密林中、溪边或林谷湿润处；低危物种。

粗叶木属
Lasianthus

346
斜基粗叶木
Lasianthus attenuatus

灌木。花期秋季；常生长于中高海拔
的密林或林缘中；低危物种。

A

B

腺萼木属
Mycetia

347 腺萼木
Mycetia glandulosa

灌木。花期夏季；生长于中高海拔的林中；低危物种。

348
毛腺萼木
Mycetia hirta

灌木。花期夏季；生长于中高海拔林下；
低危物种。

贴士 中国特有种。

B
A C

密脉木属
Myrioneuron

349 越南密脉木
Myrioneuron tonkinense

草本或灌木状。花期夏季；生长于中低
海拔的林中或林谷中；少见。

蛇根草属
Ophiorrhiza

350 广州蛇根草（圆锥蛇根草）
Ophiorrhiza cantonensis

多年生草本。花期秋冬至翌年夏季；生长于中海拔的溪边或密林中湿润的地方；低危物种。

贴士 中国特有种。

A

B

351 短小蛇根草 (溪畔蛇根草)

Ophiorrhiza pumila

矮小草本。花期早春；生长于低海拔林下
沟溪边或湿地上阴处；低危。

A

B

九节属
Psychotria

352
九节（九节木）
Psychotria asiatica

灌木。花期全年；生长于中低海拔林缘山坡或平地灌丛中；低危物种。

A

B

菊科

海南菊属
Hainanecio

353

海南菊（海南千里光）
Hainanecio hainanensis

多年生草本。花期夏秋季；生长于中海拔山坡阳处或林中；易危物种。

贴士 海南特有种。

菊三七属
Gynura

354
山芥菊三七
Gynura barbareifolia

多年生草本。花期夏季；生长于低海
拔林中岩石中；常见。

A
B

龙胆科

双蝴蝶属
Tripterospermum

355 香港双蝴蝶
Tripterospermum nienkui

多年生缠绕草本。花期秋季；生长于中高海拔山谷密林或山坡路旁疏林中；低危物种。

A

B

紫金牛属
Ardisia

356 **粗脉紫金牛**（ 小罗伞树 ）

Ardisia crassinervosa

报春花科

灌木。花期春季；生长于低海拔坡地疏
林或密林下阳处；低危物种。

357

走马胎

Ardisia gigantifolia

大灌木或亚灌木。花期夏季；生长于
中高海拔山间疏、密林下阴湿处。

358
大罗伞树
Ardisia hanceana

灌木。花期夏季；生长于中低海拔山谷、
山坡林下阴湿的地方；低危物种。

359 轮叶紫金牛

Ardisia ordinata

亚灌木，具匍匐茎。花期夏季；生长
于中海拔的山地林下；易危物种。

A

B

A
B

360 莲座紫金牛（毛虫药）

Ardisia primulifolia

多年生小灌木或近草本。花期夏季；生长于中海拔密林下阴湿处；常见。

茄科

茄属
Solanum

361 海南茄（细颠茄）
Solanum procumbens

草本。花期春夏季；疏生于低海拔灌木丛中或林下；低危物种。

A
B

五膜草科

五膜草属
Pentaphragma

362

五膜草
Pentaphragma sinense

多年生肉质草本。花期夏季；生长于低海拔林下及沟边潮湿处；低危物种。

B
A

列当科

野菰属
Aeginetia

363 野菰（土灵芝草）
Aeginetia indica

一年生寄生草本。花期夏秋季；生长于中高海拔林下土壤中，常寄生于芒属和蔗属等禾草类植物根上。

贴士 根和花可供药用，清热解毒，消肿，可治疗瘘、骨髓炎和喉痛；全株可用于妇科调经。

假野菰属
Christisonia

假野菰（花菰）
Christisonia hookeri

寄生草本。花期夏秋季；生长于中高海拔竹子林下或潮湿处；近危物种。

A
B

贴士　著名的食虫植物。

捕
虫
囊

狸藻科

狸藻属
Utricularia

365 黄花狸藻（黄花挖耳草）

Utricularia aurea

水生沉水草本。花期夏秋季；多生长
于水田中或水池塘的浅水地方；少见。

A

B

366 挖耳草（割鸡芒）

Utricularia bifida

多年生草本。花期夏秋季；生长于低海拔沼泽地、稻田或沟边湿地；低危物种。

贴士 著名的食虫植物，挖耳草全株无绿色叶片，不进行光合作用；靠着生于叶器和匍匐枝上的捕虫囊捕食湿土地中微小动物；可入药，具有清热解毒，消肿止痛的功效。

367 圆叶挖耳草（圆叶狸藻）

Utricularia striatula

多年生草本。花期秋季；生长于中海拔潮湿的岩石或树干上，常生长于苔藓丛中；低危物种。

贴士　食虫植物，在园林上可盆栽。

A

B

苦苣苔科

芒毛苣苔属
Aeschynanthus

368 红花芒毛苣苔

Aeschynanthus moningeriae

攀缘藤本。花期秋季；附生于中高海拔
的山谷林中或溪边石上；常见，低危物种。

旋蒴苣苔属
Dorcoceras

369 地胆旋蒴苣苔
Dorcoceras philippensis

多年生草本。花期夏季；生长于中低
海拔山坡、路旁和林下阴湿的岩石上；
较常见，低危物种。

果

扁蒴苣苔属
Cathayanthe

370
扁蒴苣苔
Cathayanthe biflora

多年生草本。花期夏季；生长于中低海拔
山谷溪流两岸潮湿的岩石上；濒危物种。

贴士 海南特有种。花形优美，具有较
高观赏价值。

A

B

报春苣苔属
Primulina

371

烟叶报春苣苔（烟叶唇柱苣苔）

Primulina heterotricha

多年生草本。花期夏秋季；生长于低海拔的山谷林中或溪边石上；低危物种。

贴士　海南特有种。该种花色变异较大，具有淡黄、淡紫两种花色。植株大小及叶片性质也有差异。有学者认为是复合群或多个种，待研究。

A
B

372
吊石苣苔（吊石兰）
Lysionotus pauciflorus

小灌木。花期夏秋季；生长于中低海拔石灰岩地区的半阴处；在海南较少见。

贴士 全草可供药用，治跌打损伤等症；花形优美，具有园艺价值。

盾叶苣苔属
Metapetrocosmea

373 盾叶苣苔（盾叶石蝴蝶）
Metapetrocosmea peltata

多年生草本。花期冬季至翌年春季；生长
于中低海拔的山地林中、溪边石上；常见，
低危物种。

A

B

贴士 海南特有种。

贴士 海南特有种。

马铃苣苔属
Oreocharis

374 毛花马铃苣苔
Oreocharis dasyantha

多年生草本。花期春季；生长于中高
海拔林下湿润岩石上；少见。

375 迎春花马铃苣苔

Oreocharis jasminina

多年生草本。花期夏季；生长于中高海拔
山顶崖壁上；极少见。

A
B

贴士 海南特有种。花形优美，具有园艺价值。

蛛毛苣苔属
Paraboea

376 昌江蛛毛苣苔
Paraboea changjiangensis

多年生草本。花期夏季；生长于中海拔石灰岩山地林中；少见，低危物种。

377

网脉蛛毛苣苔（网脉旋蒴苣苔）

Paraboea dictyoneura

多年生草本。花期春夏季；生长于中低海拔森林中的岩石上；常见，低危物种。

A
B

贴士 全草药用。

A

B

378
海南蛛毛苣苔
Paraboea hainanensis

多年生草本。花期夏季；生长于中海拔
林中阴湿混交林下的岩石上；少见，近
危物种。

贴士 海南特有种。

A
B C

尖舌苣苔属
Rhynchoglossum

379 尖舌苣苔
Rhynchoglossum obliquum

一年生草本。花期夏秋季；生长于低海
拔石灰岩地区的荫蔽处；在海南少见，
低危物种。

线柱苣苔属
Rhynchotechum

380
椭圆线柱苣苔（线柱苣苔）
Rhynchotechum ellipticum

矮小灌木。花期夏季，生长于中海拔
山地常绿阔叶林中；较少见，低危物种。

十字苣苔属
Stauranthera

381 大叶十字苣苔（人花十字巨台）
Stauranthera grandiflora

多年生草本。花期春夏季；生长于中低海拔
山地林中或岩石之上；低危物种。

贴士 花形优美，具有一定的园艺价值。

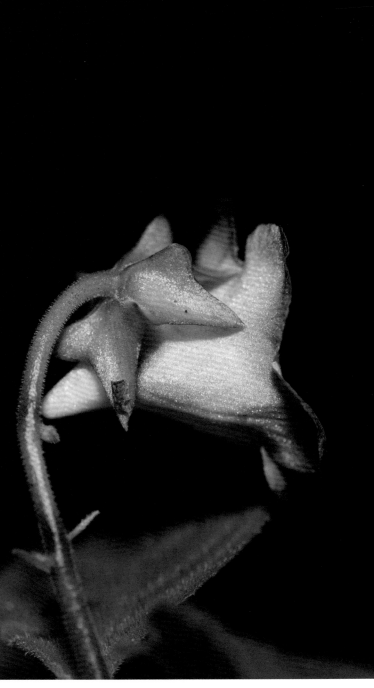

紫葳科

火烧花属
Mayodendron

382 火烧花（缅木）
Mayodendron igneum

常绿乔木。花期春季；生长于中低海拔的干热河谷、低山丛林；很少见，低危物种。

贴士 树形高大；开花壮观，且花可作蔬食；木材褐色带灰，和边材的差别不明晰，结构较楸木细，材质也较重、较硬；可栽培作庭园观赏树及行道树。

木蝴蝶属
Oroxylum

383 木蝴蝶
Oroxylum indicum

常绿小乔木。花期多夏季；生长于中低
海拔热带及亚热带低丘河谷密林，以及
公路边丛林中；常见，低危物种。

菜豆树属
Radermachera

A B

贴士 本种树干木材纹理通直，结构细致而均匀。根、叶、花果均可入药。

384 海南菜豆树
Radermachera hainanensis

常绿乔木。花期夏季；生长于低海拔的低山坡林中；少见，低危物种。

爵床科

穿心莲属
Andrographis

385 穿心莲（一见喜）

Andrographis paniculata

一年生草本。花期夏秋季；生长于中低海拔山地。

贴士 茎、叶极苦，有清热解毒之效。

A

B

纤穗爵床属
Leptostachya

386 纤穗爵床
Leptostachya wallichii

多年生草本。花期秋季；生长于中高海拔热带雨林或山地森林中；低危物种。

叉柱花属
Staurogyne

387
糙叶叉柱花
Staurogyne concinnula

多年生草本。花期春季；生长于低
海拔林下；少见。

388 海南叉柱花

Staurogyne hainanensis

多年生草本。花期春季；生长于中海拔林下或者沟谷边；少见，低危物种。

贴士 海南特有种。

389
中花叉杜花
Staurogyne sinica

一年生草本。花期秋冬季；生长于中高海
拔密林下；低危物种。

B

A

390
串花马蓝
Strobilanthes cystolithigera

亚灌木。花期秋季；生长于中海拔山地林缘；低危物种。

山牵牛属
Thunbergia

391 碗花草（海南老鸦嘴）
Thunbergia fragrans

藤本。花期夏季；生长于低海拔灌丛中；
常见。

A

B

唇形科

肾茶属
Clerodendranthus

392

肾茶（猫须草）

Clerodendranthus spicatus

多年生草木。花期夏季；生长于中低海拔的林下阴湿处的平地上。

大青属
Clerodendrum

393 海南赪桐
Clerodendrum hainanense

灌木。花期秋季;生长于中低海拔山坡林下、沟谷阴湿处;低危物种。

A

B

394 赪桐

Clerodendrum japonicum

灌木。花期夏秋季；生长于低海拔平原、山谷、溪边或疏林中；低危物种。

贴士 全株药用，有祛风利湿、消肿散瘀的功效。

香茶菜属
Isodon

395 线纹香茶菜（草三七）
Isodon lophanthoides

多年生草本。花期秋冬季；生长于低海拔沼泽地上或林下潮湿处。

贴士 全草入药。

果

刺蕊草属
Pogostemon

海南刺蕊草
Pogostemon hainanensis

多年生直立草本。花期冬季；生长于
中海拔林下。

A

B

贴士　海南特有种。

黄芩属
Scutellaria

397 海南黄芩
Scutellaria hainanensis

多年生草本。花期秋季；生长于中海拔的
山石上；极罕见，易危物种。

A
B

贴士　海南特有种。

398
乐东黄芩（乐东吕宋黄芩）
Scutellaria luzonica var. *lotungensis*

多年生草本。花期秋季；生长于低海
拔密林中；极罕见，近危物种。

A
B

贴士 海南特有种。

水鳖科

水车前属
Ottelia

399

龙舌草（水车前）
Ottelia alismoides

多年生沉水草本。花期夏秋季；生长于低海拔湖泊、沟渠、水塘、水田以及积水洼地；易危物种。

B

A

400
水菜花
Ottelia cordata

一年生或多年生水生草本。花期夏季；
生长于低海拔淡水沟渠及池塘中。

A
B
C

姜科

山姜属
Alpinia

401 海南山姜（草豆蔻）

Alpinia hainanensis

草本。花期春季；生长于中海拔的密林中；
常见，低危物种。

A

B

402 假益智

Alpinia maclurei

草本。花期春季；生长于各海拔的山地
疏林或密林中；常见，低危物种。

贴士 根茎与果实具行气的功能，用于
腹胀、呕吐等症。

403 皱叶山姜

Alpinia rugosa

草本。花期春季；生长于中海拔的林下湿润处。

贴士 海南特有种。叶形独特，具有极高的园艺观赏价值。

404 革叶山姜

Alpinia coriacea

A
B

大型草本。花期夏季；生长于中海拔的
山地疏林中；少见，易危物种。

豆蔻属
Amomum

405 疣果豆蔻
Amomum muricarpum

高大草本，根茎粗壮。花期春末；生长
于中低海拔的密林中；少见，近危物种。

贴士　果入药，能开胃、消食、行气和中、止痛安胎。

A

B

406 茴香砂仁

Etlingera yunnanensis

丛生状草本。花期夏季；生长于中海拔的疏林下；少见，易危物种。

贴士 本种花序如菊花，极为引人注目，揉之有茴香味，故名茴香砂仁。

姜花属
Hedychium

407

毛姜花（红蔻）

Hedychium villosum

高大草本。花期夏初；生长于中低海拔的山野沟谷阴湿林下或灌木丛中和草丛中；少见。

贴士

根茎能祛风止咳。果入药，能开胃、消食、行气和中、止痛安胎。

A

B

大豆蔻属
Hornstedtia

408
大豆蔻
Hornstedtia hainanensis

草本。花期冬季；生长于中海拔的密林中；常见，低危物种。

A
B

姜属
Zingiber

409 光果姜
Zingiber nudicarpum

高大草本。花期夏季；生长于低海拔枯
枝落叶层中；少见，近危物种。

A

B

全身都具有独特的香味,枝、叶、根、茎、花、果可以祛风止痛、消肿解毒、止咳平喘、化积健胃,具有极高的药用价值,尤其对治疗便秘、糖尿病有特效。

410
阳荷
Zingiber striolatum

草本。花期夏秋季;生长于中高海拔林下或溪边;低危物种。

闭鞘姜科

地莴笋花属
Parahellenia

411 地莴笋花
Parahellenia tonkinensis

草本。花期夏末秋初；生长于林荫下；
少见，低危物种。

贴士

根茎可入药，有利尿消肿的功效，能治疗肝硬化腹水、尿路感染、肌肉肿痛、肾炎水肿、无名肿毒等病症。

A
C B

A

B

闭鞘姜属
Cheilocostus

412 闭鞘姜
Cheilocostus speciosus

草本。花期夏秋季；生长于中低海拔的疏林下、山谷荫湿地、路边草丛、荒坡、水沟边等处；常见，低危物种。

贴士 闭鞘姜俗称"白头到老"，主要指其开花时每次从下向上只开放 2 朵白花，一直开到顶端花谢为止。根茎供药用。

藜芦科

白丝草属
Chionographis

413 中国白丝草（白丝草）
Chionographis chinensis

多年生草本。花期春季；生长于中海拔
的山坡或路旁的荫蔽处或潮湿处；少见，
低危物种。

A

B

重楼属
Paris

414
海南重楼
Paris dunniana

多年生草本。花期春季；生长于中海拔林下湿润处；很少见，易危物种。

贴士 国家二级重点保护野生植物。可入药。

A B
C

海南重楼

415
华重楼
Paris polyphylla var. *chinensis*

多年生草本。花期夏季；生长于中高海拔林下荫处或沟谷边的草丛中；少见，易危物种。

贴士 以根茎入药，尤其对蛇虫咬伤、疗疮痈肿疗效显著。

天门冬科 | 蜘蛛抱蛋属
Aspidistra

416
小花蜘蛛抱蛋
Aspidistra minutiflora

多年生草本。花期秋冬季；生长于中海拔的密林中；少见，低危物种。

A

B

龙血树属
Dracaena

417 海南龙血树（柬埔寨龙血树）
Dracaena cambodiana

乔木状草本。花期春季；生长于中低海拔的林中；少见，易危物种。

贴士 国家二级重点保护野生植物。其树皮被割破后会流出"红色"液体，当地人传说红色液体便是龙血，因此称之为"龙血树"。在《本草纲目》中，龙血树中的血竭被称为活血圣药。树形优美，生长缓慢，也是美丽的室内植物。

球子草属
Peliosanthes

418
大盖球子草（长叶球子草）
Peliosanthes macrostegia

矮小草本。花期夏季；生长于灌木丛
中和竹林下；低危物种。

B

A

秋水仙科

万寿竹属
Disporum

419 海南万寿竹
Disporum hainanense

多年生草本。花期冬季至翌年夏季;生长于中海拔的山谷林下;常见,低危物种。

贴士　中国特有种。

A

B

天南星科 魔芋属
Amorphophallus

420
南蛇棒
Amorphophallus dunnii

多年生草本。花期春季；生长于高海拔的林下；常见，低危物种。

天南星属
Arisaema

421 黎婆花
Arisaema hainanense

草本。花期夏季；生长于中高海拔的山谷或山坡林中；很少见，濒危物种。

贴士 中国特有种。

A

B

薯蓣科

薯蓣属
Dioscorea

422 光叶薯蓣（荬菇）

Dioscorea glabra

草质缠绕藤本。花期秋冬季；生长于中低海拔的林中；少见，易危物种。

棕榈科

桄榔属
Arenga

423 桄榔

Arenga westerhoutii

大型乔木。花期夏季，果实约在开花后
2—3年时间成熟；多散生于中海拔的石
山沟谷和土山中下部；常见，低危物种。

花序的汁液可制糖、酿酒；树干髓心含淀粉，可供食用；幼
嫩的种子胚乳可用糖煮成蜜饯，叶鞘纤维强韧，耐湿耐腐，可制绳缆。

琼棕属
Chuniophoenix

424 琼棕（陈棕）
Chuniophoenix hainanensis

丛生灌木。花期夏季；生长于中海拔的山地疏林中；很少见，濒危物种。

贴士 海南特有种。

B
C A

蒲葵属
Livistona

425
大叶蒲葵（高山蒲葵）
Livistona saribus

乔木。花果期夏季；散生于中低海拔的
山地林中；常见，低危物种。

贴士 叶鞘纤维可制棕绳。

A

B

轴榈属
Licuala

426
海南轴榈（刺轴榈）
Licuala hainanensis

灌木。花期夏季；生长于中海拔的低地雨林；少见。

果

贴士 海南特有种。

山槟榔属
Pinanga

427 变色山槟榔
Pinanga baviensis

丛生灌木。花期夏季；生长于中低海拔的山谷、水旁林中；常见，低危物种。

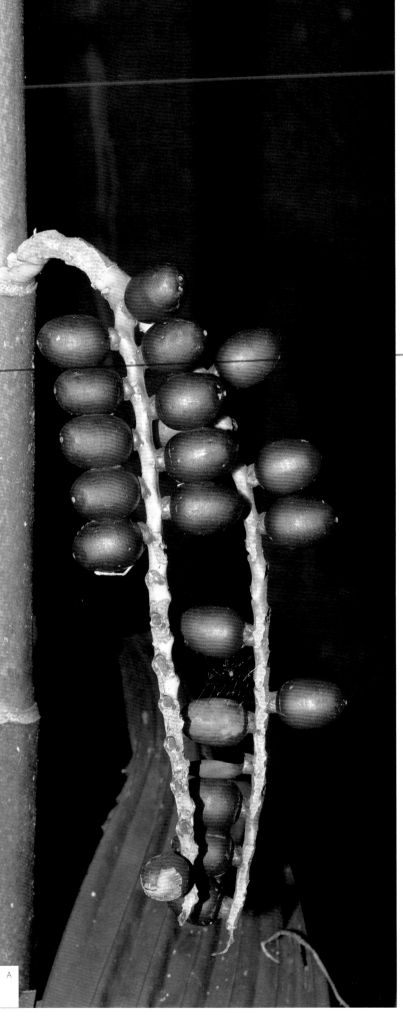

C
B
A

水玉簪科

水玉簪属
Burmannia

428 透明水玉簪
Burmannia cryptopetala

一年生腐生草本。花期秋季；生长于中海拔的山谷林中；易危物种。

A

B

429
纤草
Burmannia itoana

一年生腐生草本。花期秋季；生长于中海拔的山地林下；低危物种。

A
B

430
裂萼水玉簪
Burmannia oblonga

一年生腐生草本。花期秋季；生长于
中海拔密林下的腐殖土中；近危物种。

B
A

兰科

开唇兰属
Anoectochilus

431 金线兰（花叶开唇兰）
Anoectochilus roxburghii

多年生地生草本植物。花期秋季；生长于中海拔的林下或沟谷阴湿处；少见，濒危物种。

贴士 国家二级重点保护野生植物。全株入药，可清热凉血、除湿解毒。用于治疗肺结核咯血、糖尿病、肾炎、膀胱炎、重症肌无力、风湿性及类风湿性关节炎、毒蛇咬伤等病症。

B

A

隔距兰属
Cleisostoma

432 勐海隔距兰
Cleisostoma menghaiense

多年生附生植物。花期夏秋季；生长于
中高海拔的山地林缘树干上；少见，易
危物种。

433
短茎隔距兰
Cleisostoma parishii

多年生附生植物。花期夏季；常生长于
中低海拔的常绿阔叶林中树干上；少见，
低危物种。

A

B

兰属
Cymbidium

434
冬凤兰
Cymbidium dayanum

多年生附生草本。花期秋冬季；生长于低海拔的林中岩石上或树上；少见，易危物种。

A

B

A
B

435
独占春
Cymbidium eburneum

多年生附生草本。花期春季；生长于中
海拔的溪谷旁岩石上；少见，濒危物种。

贴士 国家二级重点保护野生植物。花
大，颜色纯净，具有较高的园艺观赏价值。

436 秋墨兰

Cymbidium haematodes

多年生地生草本。花期秋季；生长于低
海拔的森林中；少见。

贴士 国家二级重点保护野生植物。具
有一定的园艺观赏价值。

A
B

A

B

437 美花兰

Cymbidium insigne

多年生地生或附生植物。花期冬季；生长于高海拔疏林中多草石丛中、岩石上或潮湿、多苔藓的岩壁上；极少见，极危物种。

贴士 国家一级重点保护野生植物。国内仅分布在海南；花色清新，花大，具有极高的园艺观赏价值。

438 寒兰

Cymbidium kanran

多年生地生草本植物。花期冬季；生长于中高海拔的林下、溪谷旁或稍荫蔽、湿润、多石的土壤上；少见，易危物种。

贴士 国家二级重点保护野生植物。为我国传统观赏品种，具有较高园艺观赏价值。

439

兔耳兰
Cymbidium lancifolium

多年生半附生草本。花期夏秋季；生长于中高海拔的疏林下、竹林下、林缘、阔叶林下或溪谷旁的岩石上、树上或地上；少见，低危物种。

A

B

贴士　兰属中唯一没有被列为国家重点保护植物的物种。

440
椰香兰
Cymbidium atropurpureum

多年生地生或半附生草本。花期春夏季；生长于中海拔林中的岩石上、林下或河谷；少见，低危物种。

A
B

441
硬叶兰（硬叶吊兰）
Cymbidium mannii

多年生附生草本。花期春夏季；生长于低海拔林中或灌木林中的树上；近危物种。

石斛属
Dendrobium

442
钩状石斛
Dendrobium aduncum

多年生附生草本。花期夏季；生长于中海拔山地林中的树干上；少见，易危物种。

A

B

443
束花石斛（金兰）
Dendrobium chrysanthum

多年生附生草本。花期秋季；生长于中
海拔山地密林中的树干上或山谷阴湿的
岩石上；很少见，易危物种。

贴士 国家二级重点保护野生植物。具
有较高的园艺观赏价值。

A
B

A

B

444 密花石斛

Dendrobium densiflorum

多年生附生草本植物。花期夏季；生长
于中低海拔的常绿阔叶林中树干上或山
谷岩石上；常见，易危物种。

贴士 国家二级重点保护野生植物。花
量大、花色艳丽，具有较高的园艺观赏
价值。

445 海南石斛
Dendrobium hainanense

多年生附生草本。花期夏秋季；生长于
中高海拔山地阔叶林中的树干上；少见，
易危物种。

B
A

贴士 国家二级重点保护野生植物。

446
聚石斛
Dendrobium lindleyi

多年生附生草本。花期夏季；喜生长于阳光充裕的中海拔疏林中的树干上；低危物种。

贴士 国家二级重点保护野生植物。花量大，花色艳丽，具有较高的园艺观赏价值。

A

B

447 美花石斛

Dendrobium loddigesii

多年生附生草本植物。花期夏季；生长于中低海拔山地林中的树干上或林下的岩石上；少见，易危物种。

448
石斛
Dendrobium nobile

多年生附生兰科植物。花期春夏季；
生长于中高海拔山地林中的树干上或
山谷的岩石上；少见，易危物种。

A
B

449 竹枝石斛

Dendrobium salaccense

多年生附生草本植物。花期夏季；常生
长于中海拔林中的树干上或疏林下岩石
上；少见，易危物种。

A
B

450
华石斛
Dendrobium sinense

多年生附生草本植物。花期秋季；生长
于高海拔山地疏林中的树干上；极少见，
濒危物种。

贴士 国家二级重点保护野生植物，海南
特有种。

451 剑叶石斛

Dendrobium spatella

多年生附生草本植物。花期夏季；生长
于低海拔的山地林缘树干上和林下岩石
上；常见，易危物种。

B

A

贴士 国家二级重点保护野生植物。

A

B

452 黑毛石斛
Dendrobium williamsonii

多年生附生草本植物。花期初秋；生长于中高海拔林中的树干上；很少见，濒危物种。

贴士 国家二级重点保护野生植物。

A

B

火焰兰属
Renanthera

453 火焰兰
Renanthera coccinea

多年生附生草本植物。花期初夏；攀缘于中低海拔沟边林缘、疏林中的树干上或岩石上；少见，濒危物种。

贴士 国家二级重点保护野生植物。花色艳丽，花量大，有极大的园艺观赏价值。

A
B

454 海南天麻（长筒天麻）

Gastrodia longitubularis

菌类寄生植物。花期夏季；生长于中海拔的山地密林中；极少见。

天麻属
Gastrodia

贴士　海南特有种。

翻唇兰属
Hetaeria

455 滇南翻唇兰
Hetaeria affinis

地生草本。花期夏季；生长于中海拔
的密林下；常见，低危物种。

A

B

血叶兰属
Ludisia

456 血叶兰（异色血叶兰）
Ludisia discolor

多年生地生植物。花期春季；生长于低海拔的林下或溪边；少见。

贴士 国家二级重点保护野生植物。具有滋阴润肺、健脾、安神的功效。常用于治疗肺痨咯血、食欲不振、神经衰弱。花色优美，具有一定的园艺观赏价值。

槌柱兰属
Malleola

457 海南槌柱兰（三色槌柱兰）
Malleola insectifera

多年生附生植物。花期冬季至翌年春季；生长于中
海拔低地森林树木或河谷边岩石上；极少见。

A

B

云叶兰属
Nephelaphyllum

458 美丽云叶兰
Nephelaphyllum pulchrum

多年生地生草本植物。花期夏季；生长
于高海拔的林下；很少见，易危物种。

贴士 国内仅海南有分布。

兜兰属
Paphiopedilum

459 卷萼兜兰
Paphiopedilum appletonianum

多年生附生或地生草本植物。花期夏季；生长于中高海拔的腐殖质多且阴湿的土壤上或岩石上；极少见，濒危物种。

贴士 国家一级重点保护野生植物，具有极高的园艺观赏价值。

蝴蝶兰属
Phalaenopsis

460 大尖囊蝴蝶兰
Phalaenopsis deliciosa

多年生附生植物。花期夏秋季；附生于中海拔山地林中的树干上或溪谷间山谷岩石上。

461 海南蝴蝶兰

Phalaenopsis hainanensis

多年生附生草本。花期秋季；附生于中高海拔林下的岩石或树干上；极少见，极危物种。

贴士 海南特有种。花形独特，具有一定的园艺观赏价值。

A

B

462 五唇兰
Phalaenopsis pulcherrima

多年生地生草本。花期夏季；生长于中
海拔的密林或灌丛中，常见于覆有土层
的岩石上；少见，濒危物种。

贴士 国内仅海南有分布。五唇兰花色极
其丰富，是观赏蝴蝶兰的重要亲本，具有
较高的园艺价值。

A

B

带唇兰属
Tainia

463 心叶带唇兰
Tainia cordifolia

多年生草本。花期夏季；生长于中海拔沟谷林下的阴湿处；极少见，濒危物种。

莎草科

薹草属
Carex

464
长叶柄薹草
Carex longipetiolata

多年生草本。花期春夏季；生长于中海拔的雨林下；少见。

贴士 海南特有种。

禾本科

稻属
Oryza

465
疣粒稻
Oryza meyeriana subsp. *granulata*

多年生草本，有时具短根状茎。花果期冬季至翌年春季；生长于中海拔的丘陵、林地中；很少见。

贴士 国家二级重点保护野生植物。在所有的稻类植物中，疣粒稻具有多项抗病虫害功能，对提升粮食产量、保障粮食安全和保护生态环境都具有重要的战略意义。

参考文献

蔡波, 王跃招, 陈跃英, 等, 2015. 中国爬行纲动物分类厘定 [J]. 生物多样性, 23(3): 365-382.

郭东升, 张正旺, 2015. 中国鸟类生态大图鉴 [M]. 重庆: 重庆大学出版社.

海南省地方志办公室, 2012. 海南省志·动植物志 [M]. 海口: 海南出版社.

金效华, 李剑武, 叶德平, 2019. 中国野生兰科植物原色图鉴 [M]. 郑州: 河南科学技术出版社.

申志新, 王德强, 李高俊, 等, 2021. 海南淡水及河口鱼类图鉴 [M]. 北京: 中国农业出版社.

史海涛, 赵尔宓, 王力军, 2011. 海南两栖爬行动物志 [M]. 北京: 科学出版社.

汪继超, 2014. 海南吊罗山常见脊椎动物彩色图鉴 [M]. 北京: 中国林业出版社.

王剀, 任金龙, 陈宏满, 等, 2020. 中国两栖、爬行动物更新名录 [J]. 生物多样性, 28(2): 189-218.

王清隆, 黄明忠, 杨虎彪, 等, 2012. 海南被子植物分布新资料 [J]. 热带作物学报, 33(4): 6.

王清隆, 羊青, 王茂媛, 等, 2017. 海南被子植物分布新资料 (Ⅱ)[J]. 热带作物学报, 38(4): 587-590.

邢福武, 陈红锋, 秦春生, 等, 2014. 中国热带雨林地区植物图鉴: 海南植物 [M]. 武汉: 华中科技出版社.

严岳鸿, 周喜乐, 2018. 海南蕨类植物 [M]. 北京: 中国林业出版社.

杨小波, 2013. 海南植物名录 [M]. 北京: 科学出版社.

张巍巍, 2014. 昆虫家谱 [M]. 重庆: 重庆大学出版社.

张巍巍, 李元胜, 2019. 中国昆虫生态大图鉴 [M]. 2 版. 重庆: 重庆大学出版社.

周薇, 廖高峰, 袁浪兴, 2020. 海南鹦哥岭珍稀濒危野生动植物图鉴 [M]. 海口: 海南出版社.

图书在版编目（CIP）数据

海南热带雨林国家公园野生动植物图册 / 宋希强，
张哲，谭珂主编 . —— 北京：中国林业出版社，2022.5
ISBN 978-7-5219-1672-0

Ⅰ . ①海… Ⅱ . ①宋… ②张… ③谭… Ⅲ . ①热带雨
林—国家公园—野生动物—海南—图册②热带雨林—国家
公园—野生植物—海南—图册 Ⅳ . ① Q958.526.6-64
② Q948.526.6-64

中国版本图书馆 CIP 数据核字 (2022) 第 076545 号

海南热带雨林国家公园野生动植物图册

策划编辑　刘家玲　张衍辉

责任编辑　张衍辉　葛宝庆　胡守景

装帧设计　高　瓦

出版：中国林业出版社 · 国家公园分社（自然保护分社）
　　　海南出版社

地址：北京市西城区刘海胡同 7 号 100009
　　　海南省海口市金盘开发区建设三横路 2 号

网址：www.forestry.gov.cn/lycb.html

电话：（010）83143521　83143612

制版：北京鑫恒艺文化传播有限公司

印刷：北京雅昌艺术印刷有限公司

版次：2022 年 5 月第 1 版

印次：2022 年 5 月第 1 次

开本：889mm × 1194mm　1/16

印张：31

字数：450 千字

定价：560.00 元